プレス加工の
トラブル対策

第3版

吉田弘美
山口文雄 — 著

日刊工業新聞社

序　文

　トラブル対策は技術の中でも非常に重要であり，難しいもののひとつですが，自動化や高速化といった技術に比べて地味であり，本来あってはならない後ろ向きの技術のように考えがちです。

　しかし，トラブルは現状を打破し，新しい可能性にチャレンジするときに生じる必然的なものだともいえ，トラブルを必要以上に恐れたり，避けていたのでは進歩も発展も期待できません。とはいえ，トラブルは起こさないで済めばそれに越したことはなく，そのための技術と努力はこれまた欠かせず，事前の心がけが大切です。

　トラブル対策の難しさは机上の空論や設備投資では解決できず，専門的な知識と合わせて実務上の知識や経験，時には勘やひらめきのようなものが必要なことです。しかし，多様なトラブルの解決にすべて経験で対処するのは不可能であり，その必要もありません。

　トラブル対策をはじめ世の中の大部分の技術は，大勢の人の経験や工夫が積み重ねられた土台の上に成り立っており，次の世代はこれを踏み台としてさらに新しい経験や工夫を重ねて進歩し，今日に至っているのです。

　本書は多くのトラブル対策の一部を紹介したに過ぎませんが，これを踏み台としてさらに新しい技術を積み重ねてそれぞれの企業の固有技術としてほしいと思います。

　トラブル対策の内容とその対応は，それぞれの企業での製品の種類と品質，金型，プレス加工システム，技術および管理レベルなどによってさまざまであり，企業固有の問題も多くあります。しかし，多くの企業のさまざまな事例に接し，共通事項が多く，同じようなトラブルで悩んでいる例が多いということも実感しています。

　始めは個々に対応していたトラブルも数多く接していると共通事項が見えてきて，偶然と思えたことも必然性があり，理論的に体系づけられることも多くあることに気づき，できるだけ実際の対応だけでなく，理論的な裏付けを心が

序　文

けてまとめました。

　今後ますます要求は厳しくなり，新しいトラブルも発生すると思いますが，基礎を身につけ，感性を磨くことによって道は必ず開けるものと確信しています。

　終わりに本書の刊行にあたり，企画の段階から懇切なるアドバイスと協力をいただいた，日刊工業新聞社技術雑誌「プレス技術」編集部ならびに同社の書籍編集部の方々に深く感謝し，厚くお礼申しあげます。

昭和62年8月

吉田　弘美

第3版の刊行にあたって

　プレス加工におけるトラブルの発生とその対策の必要性は，昔も，今も変わらず，将来も続く永遠のテーマです。しかし，プレス加工で作る製品と要求される品質などは時代とともに変わり，生産に必要なプレス機械，金型および加工技術なども進歩します。

　しかし例外を除く大部分のトラブル対策は，過去の技術の上に積み上げられたものであり，発生のメカニズム，対策の基本的な考え方には普遍性の高いものが多くあります。

　個々の企業で発生している，全く別と思われるトラブルも，それらを集めて整理すると共通項が多くあります。本書を参考に個々の現象に応用していただけることを期待しています。

　時代が変わっても，道具が変わっても変わらない基本的な要素技術の上に，新しい時代の応用技術を組み合わせて第3版の改訂をいたしました。製品，金型およびプレス機械と加工事例などは最新のものにし，次の時代に対応できるよう心がけました。

　時代の最先端を行く製品および加工内容であっても，基本中の基本であるバリの発生その他のトラブルがあっては量産化はできず，プレス加工の長所も生かせません。他のトラブルも同様です。

　この意味で，トラブル対策は最も高度な技術のひとつであると言えます。従来製品の生産の合理化はもとより新しい課題に挑戦する場合にも参考になれば幸いです。

　終わりに，第3版への改訂にあたり，企画段階からご尽力とアドバイスをいただいた日刊工業新聞社出版局の野﨑伸一氏に深く感謝をいたします。

2009年3月

吉田　弘美

目　　次

序　文 ………………………………………………………………………… *i*
第3版の刊行にあたって …………………………………………………… *iii*

第1章　トラブル対策の基本 …………………………………… 1

1.1　トラブル対策の考え方と実施 ………………………………………… 1
　1.1.1　部品図を読む ……………………………………………………… 1
　1.1.2　考え方と読み ……………………………………………………… 6
　1.1.3　工程能力と要求機能 ……………………………………………… 7
　1.1.4　工程設計と生産方式 ……………………………………………… 9
1.2　金型製作 ………………………………………………………………… 10
　1.2.1　金型製作とプレス加工 …………………………………………… 10
　1.2.2　試作 ………………………………………………………………… 12
　1.2.3　トライ（試し加工） ……………………………………………… 13
　1.2.4　金型一般と段取り ………………………………………………… 14

第2章　抜き加工品の不良対策 ……………………………… 27

2.1　バリ（かえり） ………………………………………………………… 27
　2.1.1　バリの発生原因と対策 …………………………………………… 27
　2.1.2　現象と対策 ………………………………………………………… 31
2.2　寸法不良および形状不良 ……………………………………………… 44
　2.2.1　測定方法と測定精度 ……………………………………………… 44
　2.2.2　金型の精度と製品の精度 ………………………………………… 46
　2.2.3　現象と対策 ………………………………………………………… 47
2.3　せん断切り口面の形状 ………………………………………………… 53
　2.3.1　抜き加工とせん断切り口面の形状 ……………………………… 53
　2.3.2　現象と対策 ………………………………………………………… 57

2.4　反り，ねじれ，その他 ·· 60
　2.4.1　発生原因と基本対策 ·· 60
　2.4.2　現象と対策 ·· 62
2.5　きず，打痕 ·· 63
　2.5.1　発生原因と基本対策 ·· 63
　2.5.2　現象と対策 ·· 64
2.6　その他 ·· 66

第3章　抜き作業のトラブル対策 ·· 69

3.1　パンチおよびダイの寿命 ·· 69
　3.1.1　自然寿命と事故寿命 ·· 69
　3.1.2　品質と摩耗曲線 ·· 70
3.2　破損および摩耗 ·· 72
　3.2.1　破損および摩耗の一般的対策 ···································· 72
　3.2.2　パンチの破損と摩耗 ·· 74
　3.2.3　ダイの破損と摩耗 ·· 77
3.3　かす浮き（かす上がり） ·· 79
　3.3.1　かす浮きのメカニズム ·· 79
　3.3.2　具体的対策 ·· 81
3.4　かす詰り ·· 85
　3.4.1　かす詰りのメカニズム ·· 85
　3.4.2　具体的対策 ·· 86
3.5　抜き加工の後処理 ·· 89
　3.5.1　後処理の活用 ·· 89
　3.5.2　バリ取りとせん断切り口面の改良 ···························· 90
　3.5.3　反り，ねじれの修正 ·· 90
　3.5.4　熱処理による硬さの変更，その他 ···························· 92

第4章　曲げ加工品の不良対策 ·· 93

4.1　角度不良の原因と対策 ·· 93

- 4.1.1 スプリングバックの発生原因 ……………………………… 93
- 4.1.2 スプリングバック対策 ……………………………………… 95
- 4.1.3 V曲げ過程 …………………………………………………… 95
- 4.2 割れ不良の原因と対策 …………………………………………… 96
  - 4.2.1 圧延方向(繊維方向)と割れ ……………………………… 96
  - 4.2.2 曲げ半径の限界 ……………………………………………… 96
  - 4.2.3 バリ方向と割れ ……………………………………………… 97
- 4.3 曲げ部に近接する部分の変形 …………………………………… 98
  - 4.3.1 材料の圧縮による幅方向の変化(曲げ部のふくれ) …… 98
  - 4.3.2 曲げ限界による変形 ………………………………………… 99
  - 4.3.3 引っ張りによる変形(狭い幅の曲げ) …………………… 99
- 4.4 V曲げ加工 ………………………………………………………… 100
  - 4.4.1 角度不良 ……………………………………………………… 100
  - 4.4.2 寸法不良 ……………………………………………………… 102
  - 4.4.3 反り,ねじれ ………………………………………………… 104
  - 4.4.4 きず …………………………………………………………… 108
- 4.5 U曲げ加工 ………………………………………………………… 109
  - 4.5.1 U曲げ過程 …………………………………………………… 109
  - 4.5.2 角度不良の原因と対策 ……………………………………… 110
  - 4.5.3 寸法不良 ……………………………………………………… 115
  - 4.5.4 反り,ねじれ,わん曲など ………………………………… 117
  - 4.5.5 きずの原因と対策 …………………………………………… 118
  - 4.5.6 変形,ゆがみ,側壁の反りなど …………………………… 119
- 4.6 その他の曲げ加工 ………………………………………………… 122
  - 4.6.1 L曲げ加工 …………………………………………………… 122
  - 4.6.2 Z曲げ加工 …………………………………………………… 124
  - 4.6.3 切曲げ加工ほか ……………………………………………… 126
- 4.7 多工程曲げ ………………………………………………………… 128
  - 4.7.1 多工程曲げの不良発生と対策の基本 ……………………… 128
  - 4.7.2 形状および寸法不良と対策 ………………………………… 129

第5章　曲げ作業のトラブル対策 ……………………… 131

5.1　V曲げ作業 ……………………………………………… 131
5.1.1　金型の心合せとずれ ………………………………… 131
5.1.2　摩耗と破損 …………………………………………… 131
5.1.3　ブランクの挿入ミス ………………………………… 133
5.2　U曲げ作業 ……………………………………………… 134
5.2.1　パンチへの製品の付着 ……………………………… 134
5.2.2　金型の摩耗ときず …………………………………… 136
5.2.3　表面処理鋼板の細かいくずの発生 ………………… 136

第6章　成形加工品の不良対策 ……………………… 139

6.1　フランジ成形の不具合と対策 ………………………… 139
6.2　ビード・エンボス成形での不具合と対策 …………… 143
6.2.1　ビード・エンボスの割れ …………………………… 143
6.2.2　ビード・エンボス成形での面のひずみ …………… 144
6.3　リブ成形の不具合と対策 ……………………………… 145
6.4　バーリング加工での不具合と対策 …………………… 147
6.5　カーリングでの不具合と対策 ………………………… 151

第7章　成形作業のトラブル対策 …………………… 155

7.1　製品に滑りキズができる ……………………………… 155
7.2　かじりきずができる …………………………………… 157
7.3　型当たりができる ……………………………………… 158

第8章　絞り加工品の不良対策 ……………………… 161

8.1　工程設定 ………………………………………………… 161
8.1.1　工程設定時の注意事項 ……………………………… 161
8.1.2　トライ（試し加工）とその対策 …………………… 162
8.2　しわと割れの発生原因と一般的な対策 ……………… 163

- 8.3 円筒絞り ………………………………………………………… 167
  - 8.3.1 しわ ……………………………………………………… 167
  - 8.3.2 割れ ……………………………………………………… 168
  - 8.3.3 形状不良 …………………………………………………… 170
  - 8.3.4 板厚の不均一 ……………………………………………… 173
  - 8.3.5 寸法不良 …………………………………………………… 174
  - 8.3.6 きずおよび外観不良 ……………………………………… 176
- 8.4 角筒絞り ………………………………………………………… 179
  - 8.4.1 しわおよび割れ …………………………………………… 179
  - 8.4.2 しわと割れの現象と対策 ………………………………… 181
  - 8.4.3 キャンニング（ペコつき）……………………………… 182
  - 8.4.4 ゆがみ，変形ほか ………………………………………… 184
- 8.5 異形絞り ………………………………………………………… 185
  - 8.5.1 異形絞りのトラブル対策 ………………………………… 185
  - 8.5.2 しわおよび割れ …………………………………………… 187
  - 8.5.3 寸法不良，きず不良ほか ………………………………… 190

第9章　絞り作業のトラブル対策 ……………………………… 193

- 9.1 製品の取出し …………………………………………………… 193
  - 9.1.1 ダイに製品が食い付く …………………………………… 193
  - 9.1.2 ノックアウトに製品が付着する ………………………… 194
  - 9.1.3 パンチに製品が付着する ………………………………… 195
- 9.2 金型の摩耗と破損 ……………………………………………… 196
  - 9.2.1 ダイの焼付きと摩耗 ……………………………………… 196
  - 9.2.2 細い絞りパンチの破損 …………………………………… 198
- 9.3 順送り型でのトラブル ………………………………………… 199
  - 9.3.1 可動ストリッパによる絞り不良 ………………………… 199
  - 9.3.2 ダイの中に製品がうまく入らない ……………………… 200

第10章　圧縮加工品の不良対策 ……… 201

10.1　圧縮加工の特徴と固有の問題 ……… 201
10.1.1　発生する応力 ……… 201
10.1.2　素材と製品の形状 ……… 203
10.1.3　素材が原因のトラブル対策 ……… 204
10.1.4　金型のトラブル対策 ……… 205
10.1.5　潤滑対策 ……… 205
10.1.6　加工速度 ……… 206

10.2　加工内容別のトラブル ……… 206
10.2.1　部分的な平面のつぶし加工 ……… 206
10.2.2　表面の模様出し（表面の微細な凹凸加工） ……… 208
10.2.3　面取り（面押し） ……… 210
10.2.4　平面度対策のための面押し ……… 211
10.2.5　エンボス加工 ……… 213
10.2.6　平面（板の幅）方向への圧縮 ……… 214
10.2.7　しごき加工（アイヨニング） ……… 215

第11章　圧縮作業のトラブル対策 ……… 217

11.1　金型の焼付きと摩耗 ……… 217
11.1.1　金型構造と金型部品 ……… 217
11.1.2　金型の材質とみがき ……… 217
11.1.3　潤滑方法と冷却 ……… 218

11.2　金型の破損 ……… 220
11.2.1　金型の強度と剛性不足 ……… 220
11.2.2　金型の取り付け不良 ……… 221
11.2.3　製品の板厚のばらつき ……… 221
11.2.4　プレス機械の動的精度 ……… 221

11.3　ブランクの位置決め ……… 222
11.3.1　位置決めが不安定 ……… 222

11.3.2　順送り型の場合の位置決め ……………………………… 222
11.4　製品の取り出し ……………………………………………… 223

第12章　自動加工でのトラブル対策 …………………… 225

12.1　製品の取出し ………………………………………………… 225
　12.1.1　エアで吹き飛ばしてもうまく飛ばない ………………… 225
　12.1.2　製品がシュート上をうまく滑らない …………………… 227
12.2　順送り加工でのトラブル対策 ……………………………… 228
　12.2.1　順送り加工初期での不良 ………………………………… 228
　12.2.2　順送り加工中でのトラブル ……………………………… 232
　12.2.3　加工中の異常検出 ………………………………………… 237
12.3　ロボット，トランスファー加工でのトラブル対策 ……… 241

第13章　プレス機械とトラブル対策 …………………… 247

13.1　下死点の変化 ………………………………………………… 247
　13.1.1　変化の影響 ………………………………………………… 247
　13.1.2　時間とともに下死点が変化する ………………………… 248
　13.1.3　spmによる変化 …………………………………………… 249
　13.1.4　ストロークごとのばらつきが大きい …………………… 249
13.2　プレス機械によって金型の寿命が変わる ………………… 250
　13.2.1　プレス機械の精度と加工精度のバランス ……………… 250
　13.2.2　高精度加工とプレス機械 ………………………………… 251
　13.2.3　プレス機械の能力と加工 ………………………………… 253

索引 ………………………………………………………………… 255

第1章

トラブル対策の基本

1.1 トラブル対策の考え方と実施

1.1.1 部品図を読む

　プレス加工におけるトラブルの多くは，金型製作前の受注段階にその原因がある場合が多く，必然的にトラブルを起こしている例が多い。それだけに事前の検討が重要である。

　トラブル対策でもっとも重要なことは「トラブルを起こさないための事前の準備をしっかり行う」ということである。一般にトラブル対策というと，発生したトラブルにどう対処するかということが中心になっている。しかし，これではトラブルの後追いであり，常にその処理に追われることになる。

　以後のさまざまな事例は発生後の原因と対策に重点がおかれているが，これらを知ることにより，事前の対策の信頼性を高めてほしい。

　事前の準備の第一は，加工する部品の部品図をよく読むことである。図面は見るだけでは不十分であり，よく読むことが必要である。部品図（完成品から見ての部品図，部品加工の専門企業では製品図とも呼ばれる）から読み取る例を示す。

(1) 部品の機能

プレス加工で作られた部品は単独で商品になる例は少なく，大部分のものは他の部品と組み合わされて商品となる。組み合わされるすべての部品は，商品（最終製品）の機能を分担しており，それぞれ固有の機能をもっている（図1.1参照）。

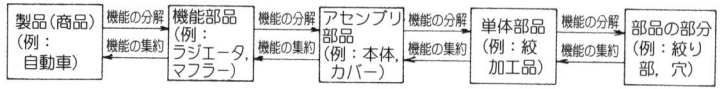

図1.1　商品の機能の分解と部品の機能の集約

部品図は部品に与えられた機能を形に変えたものであり，必要なのは形でなく機能である。部品設計者は，この機能を形に変えるいわば通訳の役割を果たしているが，ここの通訳が必ずしも名通訳ではなく，中には誤訳や現実に合わない翻訳をしている例も多い，これが問題となっている。

「図面どおり作ったがうまくいかず直させられた」「図面変更したほうが機能が向上したり，コストダウンができる」「図面は参考であり，それ以上のものを作ってほしい」などといった例は，図面どおり作っていたのでは最適なものが作れず，部品加工企業（または部門）として不十分だということである。

部品の機能はさらに部品の部分機能に分解できる。曲げられた部分，穴の一つひとつ，部分的な面，その他であり，それぞれの部分は部分機能を果たさなければならない。

(2) 組立方法

プレス加工部品は溶接，ねじ止め，かしめ，接着など，さまざまな方法で組立てられて順次機能を増やしている。最近は組立工程の合理化が進み，自動溶接，自動組立なども増えており，このための対応が部品に求められている。具体的には精度の向上，バラツキの幅を少なくする。不良混入率を無限にゼロに近づけるなどである。

完成後は同一機能であっても組立を中心とする後工程の合理化に対処できることが必要である。

(3) 要求精度と工程能力

プレス加工された部品の精度は素材のバラツキ，金型の精度，プレス機械その他の装置の精度，保守整備および管理技術などによって一様ではなく，安定して生産できるレベルは企業によって決まっている（**表1.1，図1.2～図1.4**参照）。これを越える精度の部品を作るには，無理を承知で挑戦するか生産の工程能力を上げる以外に方法はない。

従来の生産システムで可能か，それを越えているかを知り，越えている場合はどうするかを事前に検討し，対策を講じなければならず，これがまずいと後で必ずトラブルを招くことになる。

工程能力を上げるのは個々の製品ではなく，システムとして対処するのが望ましい。

表1.1 工程ごとの加工限界（工程能力）

	項　目			項　目	
打抜き加工	外形寸法精度	〔図1.2(A)〕	曲げ加工	平行度	〔図1.3(C)〕
	穴寸法精度	〔図1.2(B)〕		反り（曲げ線方向）	〔図1.3(D)〕
	穴位置寸法精度	〔図1.2(C)〕		反り（断面方向）	〔図1.3(E)〕
	せん断面の長さ	〔図1.2(D)〕		最小曲げ半径	
	輪郭部角度	〔図1.2(E)〕		最小曲げ高さ	〔図1.3(F)〕
	輪郭部最小半径（r/t）	〔図1.2(F)〕		曲げ部と穴の最小寸法	〔図1.3(G)〕
	最小穴径（d/t）	〔図1.2(G)〕	絞り加工	きず	〔図1.4(A)〕
	最小スリット幅（w/t）			ゆがみ，へこみ	〔図1.4(B)〕
	最小製品幅（w/t）	〔図1.2(H)〕		しわ，たるみ	
	穴と外形の接近最小寸法	〔図1.2(I)〕		寸法精度	
	バリ高さ			最小コーナR	〔図1.4(C)〕
	製品全面の平坦度			フランジ部の平坦度	
	打抜き可能最小板厚			板厚の変化量	〔図1.4(D)〕
	重ね抜きしろ（マッチング）	〔図1.2(J)〕		真円度（円筒絞り）	
曲げ加工	曲げ角度の精度	〔図1.3(A)〕		円筒度（円筒絞り）	
	曲げ位置精度	〔図1.3(B)〕		絞り深さ（円筒絞り）	

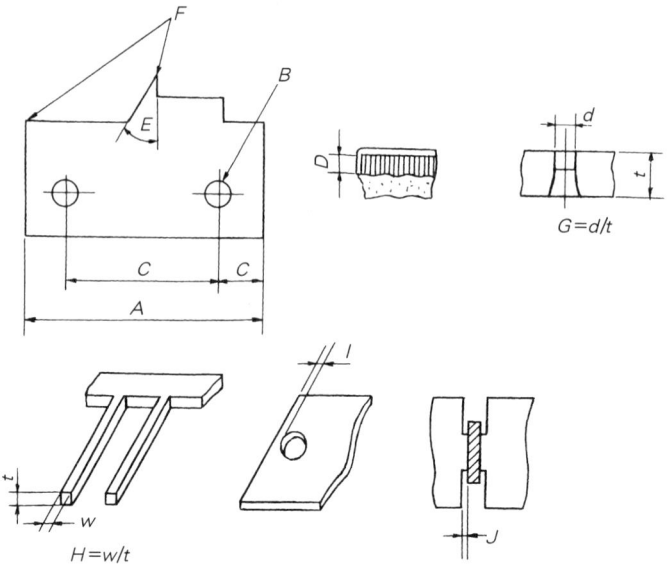

図1.2　打抜き加工の加工限界

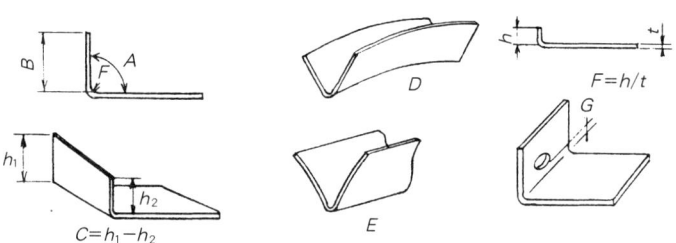

図1.3　曲げ加工の加工限界

（4）　設計変更依頼またはVE提案

　機能を理解することにより，部品の機能を低下させずに（むしろ向上し）加工の合理化を図る提案ができる。図1.5に曲げ加工の例を，図1.6に絞り加工の例を示す。これらにより，同一機能でありながらトラブルを未然に防げるようになる。

　部品設計者と加工部門の意思の疎通を図るシステムとして，初めに参考図を出図し提案があれば受け入れる。機能で注文し部品で購入する。企業間のVE

1.1 トラブル対策の考え方と実施

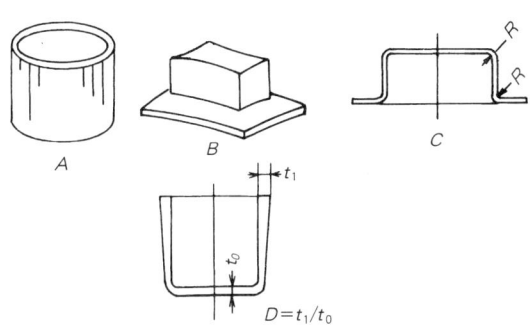

図1.4 絞り加工の限界

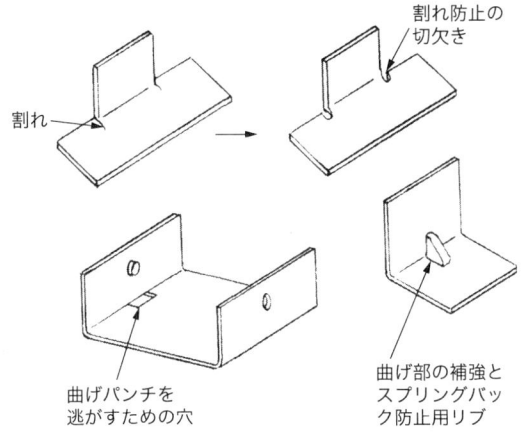

図1.5 曲げのトラブル対策を考えた製品の例

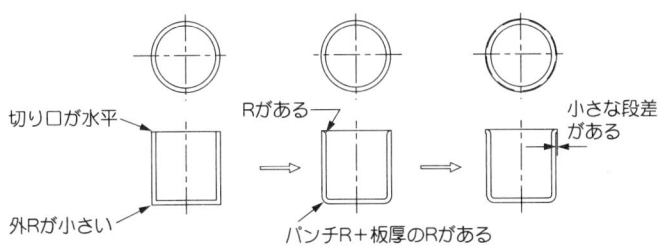

図1.6 円筒絞り製品の形状と加工の容易さ

提案制度を活用する。打合わせをする。協力会社の生産技術者を受注先に出向させる，などが行われている。

1.1.2　考え方と読み

　プレス加工および金型製作において過去に経験のない新しい分野の部品，これまでの実績を越える工程の短縮などはトラブルの元になる。しかし過去の経験と実績にこだわっていたのでは進歩も発展も期待できない。

　これら未知の分野に対しては慎重な準備と果敢なチャレンジ精神が欠かせない。

　対策としてはつぎの三つが考えられる。

　① 全社，全員の経験やノウハウをシステム的に集め，データベース化し，これを元に推論する。これが進めば人工知能のうちのエキスパートシステムが可能になる。

　② 有限要素法など，コンピュータを使ってのシミュレーション化を進める。とくに異形絞り，鍛造などで大きな効果を上げている。

　③ センスのよいすぐれた技術者の創造力に頼る。未知のむずかしい問題の推論には専門以外の経験，知識，思考などが必要であり，企業の中の限られたセクションでいかに深い造詣があっても限界がある。

　また，未知の部分に挑戦する場合は「待ったなしの背水の陣」ではなく，「もしだめな場合はどうする」という次善の策を考えておく必要がある。たとえばむずかしい順送り型での曲げや絞り加工では，「うまくいけば一工程省略，もしどうしてもだめなら一工程追加」というような考え方が必要になる。

　これを始めから，むだのないぎりぎりのレイアウトをしたのでは問題が生じた場合，手の打ちようがなく，逆に安全を見て始めから作ったのでは過剰品質となり金型費が高くなる。いずれにしろトラブルのない金型を設計できるかどうかの読みの中心は，頭の中のシミュレーションである。

　多くの金型設計者は金型を設計する場合，下死点での状態で，組立図の断面図を作成するが，思考もこの状態で停止して判断している例が多い。この上の設計者は上下型が別々の状態と下死点で加工している状態の二つのバランスを

考える。しかし，もっとも優秀な一部の設計者は上型が材料に当たる前，当たる瞬間，加工の途中の状態，下死点での押し切った状態を頭の中に描くことができる。とくに異形絞りでは加工途中の姿がトラブル対策の決定的な意味をもつことが多く，他の曲げ，絞り加工でも同様である（図1.7参照）。

この訓練には寸動で少しずつ加工を進める，ストロークを上げて加工途中のサンプルを作る，高速度カメラで撮影する，などが有効である。また結果を推定し，トラブルの真の原因とその対策を考える場合，金型や材料をどう

直線のまま曲がるイメージ　　実際の加工工程

図1.7　V曲げの加工工程のイメージと実際の形状

しようかと考えてもうまくいかない場合が多い。机上の理論を積み上げ，さらにそれを精緻化し，多くの専門書を読破した技術者が解決できないことを現場の技能者がうまく解決してくれることが多い。

この差は現場経験（実務経験）の差だと思われているがそうではない。その秘訣はいかに金型または材料の立場に立ち，金型や材料の気持になれるかである。

「これでは金型がかわいそう」「材料をいじめている」「材料ががまんしてくれている」というような言葉は現場の人からは出ても，技術者と呼ばれるような人からは出にくい。しかし，いろいろ苦労し，悩み，考え抜いた末にたどりつくのはこのようなことである。金型や材料の気持がわからない技術者はまだ発展途上か，それが限界なのかも知れない。

1.1.3　工程能力と要求機能

要求機能と工程能力は，お互いが影響しながら進歩し，限界の壁を破ってゆく。しかし，加工する側の進歩より要求は常に上まわっており，対策に追われ

ているのが現状である。

　このような中でまずはっきりすべきことは，金型設計においてこれまでの工程能力の範囲内の事項とそれを越える部分の区別である。いわばむずかしいという中で，どの部分がどのようにむずかしいかの整理である。

　これまでの能力の範囲内であれば標準状態で生産でき，計画生産が可能である。これを越える部分への対処は研究開発の部分であり，いわばリスクを含む投資の部分である。

　この投資は何らかの方法で回収しなければならず，投資をしたままでは損失になる。投資が回収できる見通しがあれば挑戦し，ない場合は損を覚悟で行なうか，やめる（仕事を断る）勇気も必要である。

　他社でできないようなむずかしい金型を作れる力がありながら倒産したり，利益がほとんどなく，細々と経営している企業はこの辺の考え方が甘い。生産をしているのか研究をしているのかわからないような企業があるが，これでは苦労をするだけむだであり，技術を浪費しているにすぎない。この意味で工程能力を高め，未知の部分に挑戦するのは一技術部門の問題ではなく経営の問題であり，企業内の意思の統一が大切である。

　製品の難易度はつぎの三段階に分けて考え，処置をするとよい。

　① 通常の加工法で可能

　一般のプレス加工で加工が可能な形状および寸法であり，通常の金型と加工工程でよい。

　② 特殊な加工または工程で加工が可能

　ファインブランキング，液圧バルジなどの特殊加工またはシェービング，精密レベラでの矯正，コイニングなどの工程が必要な加工。

　金型費およびプレス加工費が高くなることを了解すれば加工は可能である。

　例：破断面のない抜き加工，平面度のとくに必要な曲げ加工製品など

　③ 工法の開発が必要

　実験用の金型を作製し，実験を繰返したうえでプレス加工化をするなど，未知の分野への挑戦であり，開発のリスクはあるが実用化できると効果が大きい。

　例：ダイカスト，切削加工などのプレス加工化など

これらを明確にしたうえで価格，納期その他の見積りをし，スタートをすれば後でもめたり，トライ後に多くの時間を掛けることを少なくできる。

1.1.4　工程設計と生産方式

プレス加工において，無理を承知で工程設定をし金型製作段階ではトライ，修正を繰返し，本生産に移行してもトラブルを起こす原因の一つとして機械の台数，能力および仕様の制限がある。たとえば，

① 理想としては5工程必要であるが，プレスラインが4台ラインであり，無理や困難を承知で4工程で加工せざるを得ない。

② 計算上は多少の余裕をみて100トンのプレスが必要であるが，80トンのプレスが最大であり，これで生産しなければならない。

③ 順送り型でステージ数が16欲しいが，ボルスタ面積の関係で14ステージ以下でないとおさまらない。

④ 逆方向から加工すると問題はないが，プレスラインで反転できない。

などといった例である。

このような場合は過去の実績や理論的な根拠とは別に，その中で生産しなければならないという制限が，すべての前提となる。

過去の例ではこのような制限の中で苦労し，それにより限界の壁を破り，進歩した例もあるが，その過程は見ていて不安であり，リスクも大きい。

また「無理だと思ったことが何とかなった」ということが誤った自信になったり過信にならないよう，プレス加工のむずかしさ，怖さを忘れず，謙虚であってほしい。

過去の歴史でも一か八かの大勝負に勝った人ほどその後は慎重にことを運び，大勝負を繰返す人は以後も繰返して最後は滅びている。

無理を重ねたり，目安がないまま「何とかなるだろう」という繰り返しは，必ず取り返しのつかない大きな失敗につながる。そのうえでやるとなったらすべてをそそいでそれに取り組むべきである。この段階での成功の確率は真剣さと情熱に比例する。集中力を発揮するには徹夜も効果的である。

生産方式も同様であり，生産数，加工費などから逆算して自動化方法，生産

速度などが決められる例も多い。このような場合は，初期の目標を下まわっても生産は可能であり，改良の積み重ねができる。

　この面では与えられた条件ではなく，自ら高い目標を掲げ，これに挑戦するとよく，パイロット的なラインを設定するのもよい。たとえば順送り型での高速加工の場合，1台だけ他のプレスを上まわる高速プレスを導入し，これをパイロットプラントとして使用し，そのノウハウを他のそれより遅いプレスに使用すれば，それらの信頼性を飛躍的に高めることができるようになる。これはレーシングカーのノウハウが一般の乗用車に生かされて，その信頼性が増すのと同じである。

1.2　金型製作

1.2.1　金型製作とプレス加工

（1）　お互いの役割

　プレス加工においてトラブルが発生すると必ず起こる議論として，金型が悪いか，使い方が悪いかということがある。プレス加工部門では「トラブルイコール金型が悪い」というイメージが強い。金型製作部門では多少のやましさはあっても，売りことばに買いことばで「使い方が悪い」となる。型設計，部品加工，仕上げおよび組立などの関係も同様である。

　このような発言は問題を解決しようというより，責任を負いたくない，自分の責任にされて責められたくない，というところからきている。

　筆者たちは「悪いのは自分だ」と考えることができる人間が真に問題を解決できる人だと考えている。いかに会議を繰り返しても，情報をフィードバックするシステムを作っても，自分以外に原因があると考えている間は行動を起こさず，口先だけで終わってしまう。

（2）　機能とコスト

　また最近は多品種少量化が進みつつあり，その中で金型費の低減が最大のテ

ーマになっている。

　機能対コストのバランスが重要であり、機能だけを追求したのでは競争に負けてしまう。金型をどこまでの機能まで上げるかということと合せて、どの程度にコストを抑えるかということが今後はますます重要になる。

　一般に金型の機能を上げるとプレス加工部門のコストが低下し、金型製作費は高くなる（図1.8）。問題は金型費を下げることではなく、プレス加工費を下げることでもない。（金型償却費）＋（プレス加工費）のトータルコストを下げることである。このような意味で金型を作る前にどのようなプレス加工システムで、どのような金型を使用するかを互いに理解しておく必要がある。

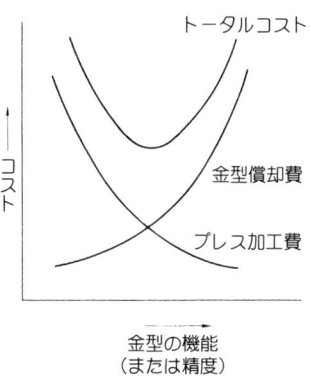

図1.8　金型の機能の向上とコストの関係

　これらについては、一般に生産技術部門が中立の立場で判断しているが、そうでない企業は生産システムを分類してパターン化する、レイアウト会議を合同で開くことなどが効果的である。

（3）　公差の配分

　部品図の寸法には公差が指定されており、加工する部品のすべてがこの中に入っていることが要求される。この公差をプレス加工部門と金型製作部門にどう配分するかは非常にむずかしい。

　プレス加工で多量の製品を作るには材料のバラツキ、金型の摩耗と保守、プレス機械のバラツキなど、さまざまなバラツキの要素があり、公差が必要である。一方、金型製作でも設計の予想値と実際の差、部品の加工精度、組立の総合精度などがあり、公差の中心からずれやすい。一般に生産の順序からして金型製作で初めに公差を使い、残りをプレス加工で使うことになりやすい。

　加工内容、過去のバラツキの実績などから、それぞれの公差を始めからプレス加工部門と金型部門に配分し、金型の検収条件を配分後の公差内に入るようにする必要がある（図1.9）。これによりそれぞれの責任が明確になり評価も

容易になる。

1.2.2 試作

量産用の金型を製作する前に試作品を作る。試作品は試作商品を作るために必要なだけでなく，加工面でも本生産に備えての貴重な情報源であるが，実際にはつぎのような問題があり，十分生かされているとはいえない。

① 開発期間が短く，試作段階での検討が不十分なまま本生産に移行する。このため本生産への移行過程または移行後に設計変更が多い。

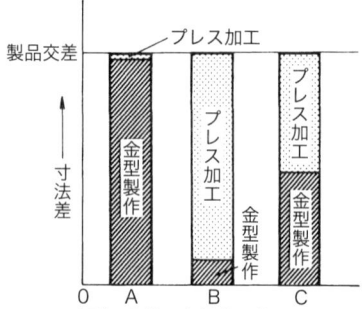

A：金型で公差の大部分を使ってしまいプレス加工の公差がほとんどない例
B：金型の精度が高く，プレス加工用の公差は多いが金型製作が困難な例
C：両方の中間的公差配分の例

図1.9 金型製作とプレス加工での公差の配分

② 試作用の金型を省略し，本生産用の金型で試作をする。このため金型製作段階での対策が限られる。

③ 試作はまったく別な部門または企業で作るため，情報が分断されている。

④ 試作品と本生産では製作方法が異なるため，機能に差が生じる（レーザ加工など試作品が良すぎるほうが問題となりやすい）。

これらの対策としては，つぎの五つの方法が有効である。

① できるだけ本生産に近い方法で製作し，できばえを合わせる。

② 本生産を担当する技術部門が試作品の技術の窓口を兼務する。

③ 試作品を生産技術部門にも渡し，検討を進め，必要に応じてVE提案，設計変更依頼などを行う。

④ 試作品をプレス加工の工程能力でチェックする。

⑤ 試作品用ユニット金型を作り，刃部のみ交換してプレス加工で作る。

このうち，とくに⑤の方法は試作品の納期の短縮，コストダウン，品質の安定化，本生産用金型でのNC加工情報の再利用など多くのメリットがあるだけに，その利用を図るべきである。

1.2.3 トライ（試し加工）

トライの目的は次のとおりである。
① 部品を加工して，その部品が規格内であることを確認する。
② 実際に加工を行って，生産するうえで不都合がないことを確認する。
③ 本生産用の作業標準を作るための加工条件の確認。
④ サンプルを作る。

　しかし，実際は確認のための1回の作業で終わらず，調整，修正，部品の交換などを行いながら，何回も繰り返し行われる例が多い。トラブル対策では，このトライ，調整，修正などが情報の宝庫であり，このことは大部分の人が認識している。

　このためトライ結果報告書，トライ記録，改善提案書，異常処理書，トラブル対策書などさまざまな形で情報の提出を義務づけている。しかし，実際に効果を上げている例は少なく，貴重な情報がむだに捨てられている。

　トライ段階の情報がうまく金型設計部門にフィードバックされず，生かされないのは，トライ部門が悪いのではなく，「必要な情報を出せ」という考え方である。

　情報は昔から「ほしい人が取る」のが原則であり，情報を必要とする側に問題がある。設計者にとっていかに必要な情報であっても，それを提出する人が必要でないと思えば出てこず，まして「出しても仕方がない」と思えば絶対出てこない。つまり，いかにすぐれた情報提出のための仕組みを作っても，それを提出する人の価値観で判断され，レベルも内容も決まってしまう。何に関するどのような情報を，どのような形で知りたいかということを，具体的に問いかけ，答えが不十分なら別の角度から聞き出すといった真剣さと努力が情報を得る側に求められる。

　いかにその情報が必要であったか，その情報をつぎにどのような形で生かすか，どれほど感謝しているかということを情報の提供者に話し，フォローしている設計者を残念ながら筆者はあまり知らない。

　報告がない，データとしてのフィードバックがない，などと嘆いている技術

者は心の奥で「そのような情報はもらっても仕方がない」，と思っているのではないか。また「自分の方が技術が上で正しい」といううぬぼれのため，素直に聞くという態度に欠けているのではないか，反省が望まれる。

そのうえでトライ時の情報を，

① その製品のみの特殊な対策

② 設計および加工ミスなどを補うためのやむを得ぬ処置

③ トライ担当者の技能レベルの問題であり，本来望ましくない処置

④ 設計基準に欠けていた部分であり，今後の金型にも生かせる

⑤ 改善効果があり，従来の方法よりもすぐれている

などに分け，④および⑤について情報の信頼性を高め，標準化するとよい。

いずれにしろトライ段階の情報は技術部門の責任において取捨選択をし，信頼性のチェックをし，使用しなければならない。

1.2.4 金型一般と段取り

ここでは加工の内容，金型の種類などに関係なく，共通する問題について述べる。逆にここで述べることは金型のトラブル対策の基本事項だといえる。単にトラブル対策だけでなく，金型の標準化を進める場合にも参考にしてほしい。

（1） ガイドポストがかじる

ガイドポストとブシュは，上型と下型のクリアランスを正しく保つためのものであるが，機能としてはつぎの四つが考えられる。

① 金型をプレス機械に取り付けるとき，上型と下型のクリアランスを正しく保つ。

② プレス機械のスライドの精度を補う。

③ 加工ミスなどの加工時に生ずる側圧を受け，パンチとダイのかじりを防ぐ。

④ ストリッパガイド方式で，パンチをガイドする。

本来のガイドポストおよびブシュの機能は①が中心であったが，最近は③以下の項目の重要性が増している。

ガイドポストおよびブシュの形式は，大きく分けて，

（イ）アウターガイド（ダイセットタイプとも呼ばれる）

（ロ）インナーガイド（サブガイドとも呼ばれる）

の二つに分けられる（図1.10，図1.11参照）。

　アウターガイドは主として①が目的であり，②以降の場合はインナーガイドが適している。

　ガイドポストがかじりを生じないで正しく機能を発揮するためには，つぎの条件が満たされなければならない。

　① プレス機械は精度（静的精度および動的精度）が加工内容に適したものを用いる。

　② ガイドポストおよびブシュは中心が合っており，全周が均一なクリアランスを保っていること。

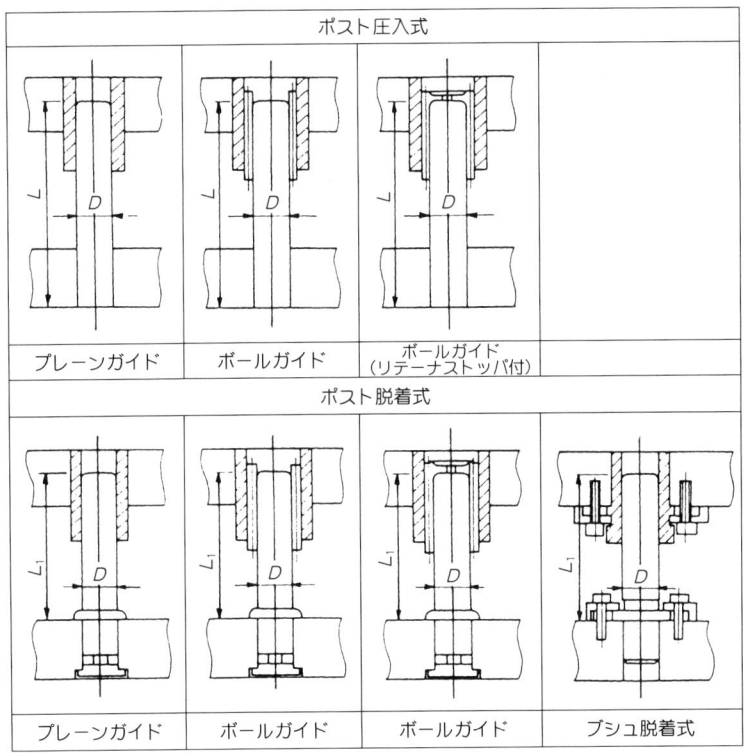

図1.10　アウターガイド（ダイセット用ガイド）ユニット

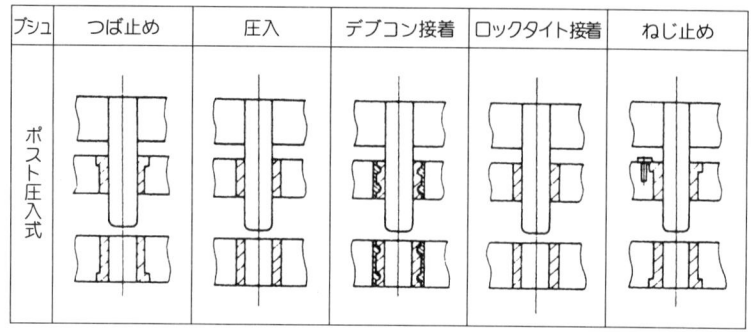

図1.11 インナーガイド（サブガイド）ユニットの例

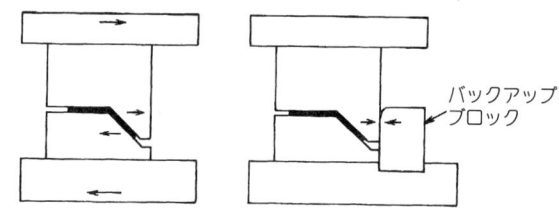

(a) 側圧でずれやすい型構造　(b) 側圧を防止し横ずれをなくした型構造

図1.12 加工時の側圧とその防止例

③ ガイドポストは金型の面に対し垂直に立っていること。
④ ガイドポストとブシュは使用目的に合ったクリアランスであること。
⑤ プレーンタイプのブシュは潤滑が正しく行なわれていること。
⑥ 金型構造は加工時に側圧（横方向の荷重）を発生させない構造であること（図1.12に側圧を生じる悪い例とその対策を示す）。
⑦ ガイドポストおよびブシュの間にごみ，抜きかす，工作油などが入らぬこと。

　ガイドポストおよびブシュには大きく分けてボール入りとプレーンタイプがある。ボール入りはボールが転がりながら往復するため，かじりは生じにくいが，接触面積が小さいため側圧に弱く，ボールの回転が悪くなるとガイドポストをいちじるしく痛める。この対策として，ボールの数の多いもの，ボールの代りにローラを使用したものなどが用いられている。

1.2 金型製作

表1.2 ガイドポストおよびブシュのクリアランスの選定

組み合わせクラス クリアランスの大きさ	対象とする被加工材の板厚とクリアランスの目安
Class A 微少	被加工材の厚さ 0.2 mm 以下を対象とする 抜きクリアランス（片側）0.01 mm 以下を対象とする
Class B 小	被加工材の厚さ 0.2 mm を越え，0.4 mm 以下を対象とする 抜きのクリアランス（片側）0.04 mm 以下を対象とする
Class C 中	被加工材の厚さ 0.4 mm を越え，1.0 mm 以下を対象とする 抜きのクリアランス（片側）0.1 mm を対象とする
Class D やや大	被加工材の厚さ 1.0 mm を越え，1.6 mm 以下を対象とする 抜きのクリアランス（片側）0.16 mm を対象とする
Class E 大	被加工材の厚さ 1.6 mm 以上を対象とする 抜きのクリアランス（片側）0.16 以上を対象とする

プレーンタイプはガイドポストとブシュがすべり接触となるため，金型の精度，加工する材料の板厚などに応じたクリアランスを選定する必要がある。この対策として組み合わせガイドシステムがあり，表1.2にその例を示す。

また，ブシュを圧入すると圧入後のブシュの内径が小さくなるため，圧入は避けるか，締めしろを小さくする必要がある。

用途を考えずいたずらにクリアランスの小さなガイドポストおよびブシュの組合わせを用いるのは，かじりを生じさせるだけでマイナスの面が多い。

ガイドポストの数は4本を用いる例が多い。構造的にも安定して見えるが，かじりを生じやすいことが実績として知られている。3本または6本の場合は比較的良好である。

(2) ストリッパが傾く

ストリッパは常にダイプレートと平行な状態で可動することが望ましい。ストリッパが傾くと程度にもよるが，つぎのような悪い影響が生じる。

① 製品の寸法および形状のバラツキが大きくなる。

② 板押さえが不十分となり，製品に反りが生じる。

③ パンチに側圧を加えながら可動し，パンチの側面を傷つけたり，焼付きが生じる。

④ パンチとダイのクリアランスを変化させる。

⑤ ストリップが不完全になり，製品がストリッパに付いたり，送りのタイミングを狂わせる。

ストリッパが傾く原因としては，金型製作時からすでに傾きが生じている場合と，無負荷（加工をしない状態）では平行であるが，加工時またはストリップ時の荷重のアンバランスなどで生じる場合とがある。

金型製作時に傾きを防ぐ方法として，つぎのようなことが考えられる。

（イ）ストリッパボルトの軸の長さを均一にする（図1.13(a)参照）。
バラツキは一般の場合で0.05 mm以下，高精度の場合は0.02 mm以下が望ましく，その場合はスリーブタイプを用いるとよい。

（ロ）ストリッパボルトの頭部を座ぐり面で受ける場合は座ぐり深さを均一にする（0.02 mm以下が望ましい）。

困難な場合は，パンチプレートまたはバッキングプレートの面に当てる方法がある（図1.13(b)参照）。

加圧時またはストリップ時に傾く対策例をつぎに示す。

① 順送り型での材料挿入時の傾きをなくす（図1.14(a)参照）。

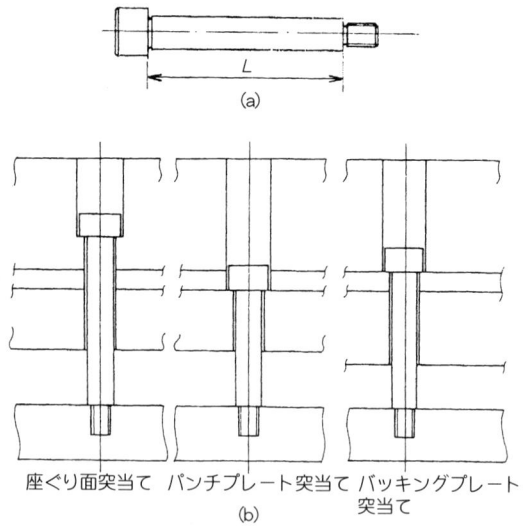

図1.13 ストリッパボルトの長さ（L）の均一化と組込み法

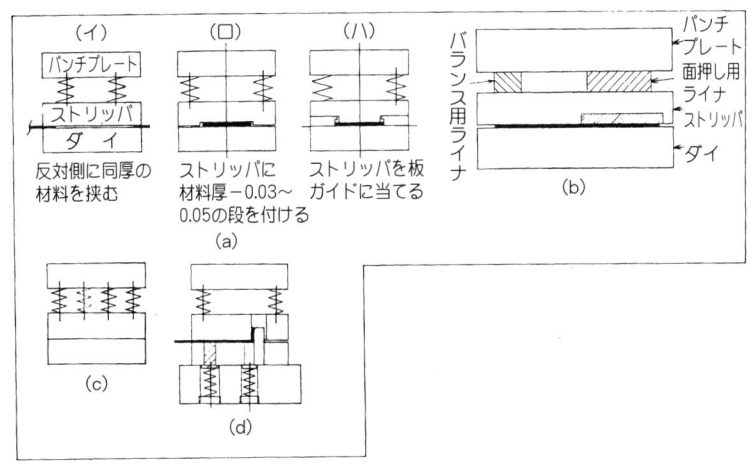

図1.14 ストリッパの傾き防止

② ストリッパで面押しをする場合は，他の部分にもバランス用のライナを入れる（図1.14(b)参照）。

③ ストリップ力とばねの圧力のバランスを考えて，ばねを配置する（図1.14(c)参照）。

④ ストリッパは反りを生じさせないよう剛性を持たせる（厚さを厚くする）。

⑤ ストリッパガイド用ガイドポストおよびブシュはかじりを生じないこと。

⑥ ストリッパで上曲げをする場合は，バランス用リフタを用いる（図1.14(d)参照）。

⑦ ストリッパとダイの間に製品または抜きかすが残らないようにする。

⑧ 高速プレス（800 spm 程度以上）の場合は，ストリッパを小さくするなどにより重さを軽くし，ばね定数の高いばねを用いる（図1.15）。

（3） 加工中にスペーサーがずれる

プレス機械のダイハイトに比べて金型の高さが低い場合，ボルスタ上でブランクまたは抜きかすを取り出す場合などのとき，下型の下へブロック状のスペーサーを入れる。加工中にこれがずれるとかす詰り，金型の傾きなどの異常が生じ，大きな事故やトラブルになることがある。

この対策として，つぎのような方法がある。

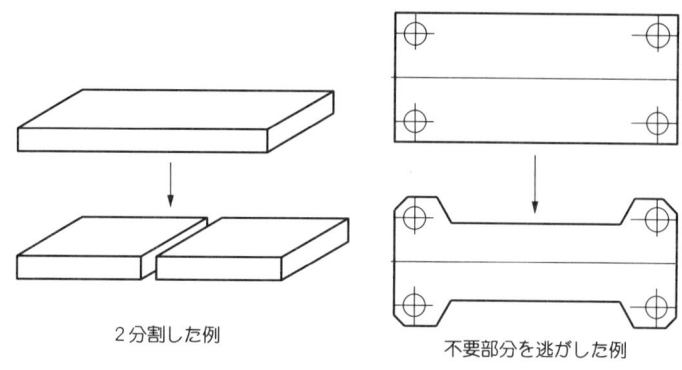

図1.15　ストリッパの軽量化と剛性の向上

① プレス機械は打抜き力に対し能力に余裕のあるものを選ぶ。
② スペーサーは大きめのものを選び，ボルスタに固定できる場合は固定する。
③ ボルスタ，金型，スペーサーの各部分に凸状の傷のないこと，またこれらの間に抜きかすなどが挟まっていないこと。
④ ダイホルダにストップピンを差し込み，内側へ入るのを防止する（図1.16(a)）。

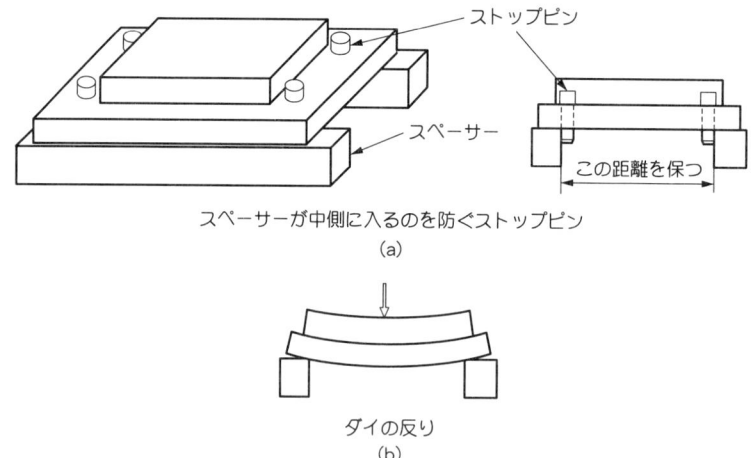

図1.16　スペーサー（パラレルブロック）のずれ防止と台の反り

⑤ ダイホルダの厚さに注意し，反りの生じないこと（同図(b)参照）。
⑥ 下型をクランプするとき側圧を生じないこと。
（4） 金型を取付け時に上型と下型をかじらせる

金型をプレス機械に取り付け，締付けボルトを本締めすると上型と下型（パンチとダイ）をかじらせてしまうことがある。

この原因と対策として，つぎの事項が考えられる。

① プレス機械のスライド下面，ボルスタ上面などに凸状のきずまたは抜きかすなどの付着による平行度不良（図1.17参照）

対策としては，スライド下面とボルスタ上面を油砥石で軽く磨くことと合せて，これらに接する金型の面をよく清掃することが必要である。

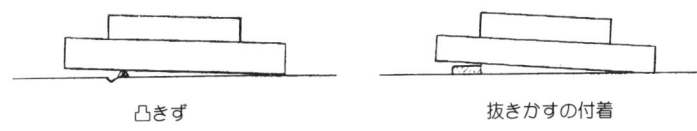

図1.17　凸きずまたは抜きかすの付着によるダイの平行度不良

② スペーサーの平行度不良

スペーサーは必ずセットで準備し，再研削もセットで行ない，不特定のものを使用しない。

③ クランプの不具合

金型を締付ける方法に不具合がある例を，図1.18に示す。

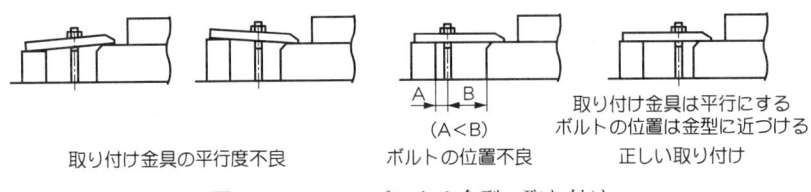

図1.18　クランプによる金型の取り付け

（5） ストローク調整において正確な位置がよくわからない

金型を取り付けるときはストロークの調整を正しく行う必要があり，これがまずいと曲げおよび絞り加工品の形状，寸法が正確に得られないだけでなく，

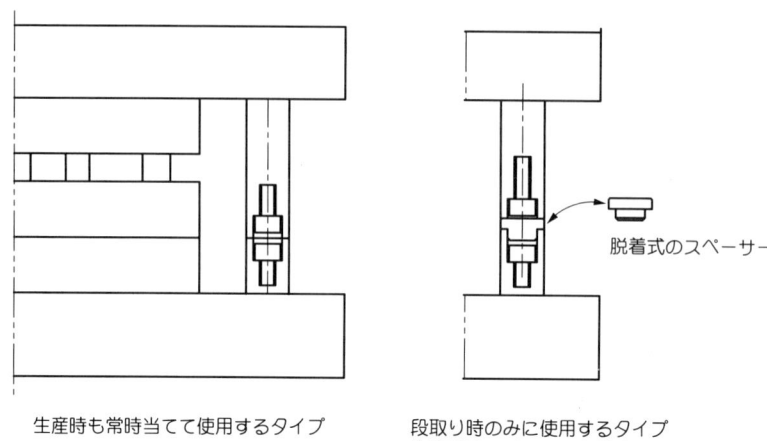

図1.19　下死点高さ調整用ハイトブロック

底付き型や抜き型では刃先を痛めることもある。

　正確なストローク位置を間違いなく得る方法としては，つぎのような方法がある。

　① ハイトブロックを使用する

　上型と下型の間にストローク合わせ用のブロックを取り付け，これに当てることによってストロークを正確に合わせることができる（図1.19参照）。

　ハイトブロックは，通常の加工時も当てておく方法と型の取付け時のみ当てて，その後はスペーサを外してすき間を設けておく方法がある。

　② 金型の高さを一定にし，ストローク調整を行なわない

　金型の高さを標準化し，常に一定に保ち，金型取付け時はそのつど調整しない。

　③ 金型にその高さを記入し，その数値に合わせる

　金型ごとに下死点の高さを記入し，プレス機械のストローク調整目盛をこれに合わせる。電動スライド調節とディジタル表示の場合，とくに効果的である。

　④ 加工中の調節

　取付け時はよくて加工途中で変化をする場合が多いが，これは主としてプレス機械の熱膨張のためであり，一定時間が経過後一定量調節する必要がある。

（6）　金型を分解すると元の精度に戻らない

　保守整備時に金型を分解整備し，再び組み立てると元の精度が得られず，クリアランスが合わなかったり，製品の形状および寸法が悪く，不良品になったりすることがある。

　この原因と対策はそれぞれの金型によってさまざまであるが，代表的なものとしてつぎのような事項があげられる。

①　パンチなどが垂直に立っていない

　プレートの加工精度が悪く，無理に寄せたり，コーキングにより傾けて立ててある。この場合はパンチプレートの穴をひとまわり大きな寸法にして正しく直すか，プレートを交換する必要がある。

②　シムの使用（図 1.20 参照）

　ダイブシュ，角形パンチなどの側面に調整用のシムを使用してある場合，分解したときこれが外れて合わなくなることが多い。この場合は保守整備用の図面にシムの使用状況を明示し，シムがいたんでいる場合はこれを交換する。なお，シムを使用しないほうがよいことはいうまでもない。

③　ダウエルピンのはめ合い

　ダウエルピンと穴のはめ合いがゆるいと横方向へずれやすい。対策としてはダウエルピンと穴のはめ合いを正しくする。他の部分に新しくダウエルピンの穴をあける，などが考えられる。

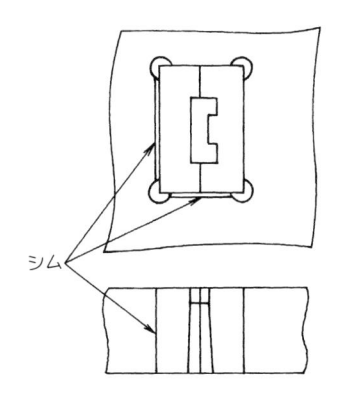

図 1.20　ジムを使用した部品の組立の例

④ 組立方法と作業不良

プレートのねじを締め付けるときは図1.21のような注意が必要である。

⑤ インサート部品の方向が一定しない

ブロック状の類似部品の場合，方向を逆に組み込んだり，多数の場合，その位置が変わることがある。このような場合は方向を一定にするための面取りや番号の刻印を打つとよい（図1.22参照）。

⑥ 多くのインサート部品を並べて組み込む

順送り型などでは多くの部品を並べて組み込むことが多いが，このような場合は横方向へずれやすく，途中に基準となる部分を設けて全体のずれを防止するとよい（図1.23参照）。

⑦ ボルトおよびばねなどの摩耗損傷

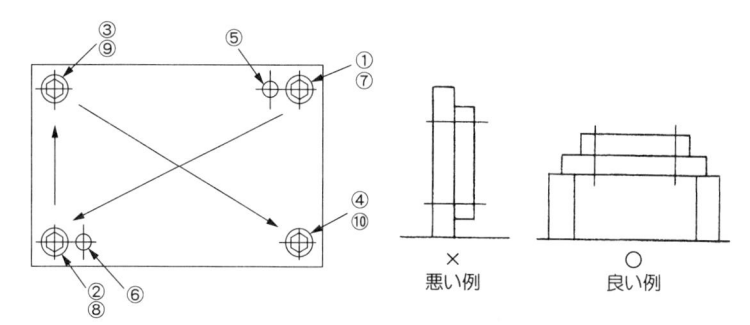

①から④は仮締め，⑦から⑩は本締め
ボルトの締め付けとダウエルピンを打ち込む順序

締付けるときの型の姿勢は立てて行なわない

図1.21　プレートのねじを締付ける場合の注意

方向決めのための面取り

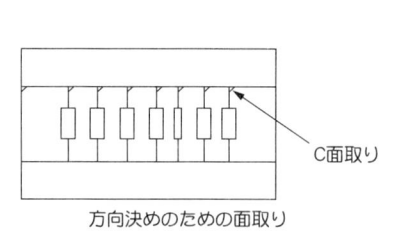

図1.22　ブロックの方向決めの例

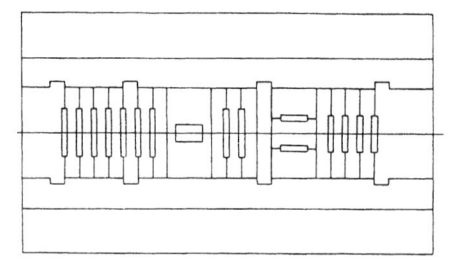

図1.23　ブロックの横ずれ防止例

六角穴付きボルトおよびストリッパボルトなどのねじ部または頭部の損傷，全体の曲がりなどにより，締付け時に部品の位置をずらせることがある。またばねも同様であり，いたみの進んだものは交換をする必要がある。

⑧ ガイドポストおよびブシュの摩耗

ガイドポストとブシュが摩耗していると，分解時に上型と下型がうまく合わないことが多い。これは使用中にいわゆる「なじみのバランスがくずれる」ためと思われる。何回直してもうまく合わないとき，ガイドポストとブシュを交換してうまく合ったという例も多い。

第2章

抜き加工品の不良対策

2.1　バリ（かえり）

2.1.1　バリの発生原因と対策

　抜き加工のバリ対策のためには，なぜバリがでるか，バリの発生するプロセスを十分理解しておくと，状況に応じた対策がとれるようになる。

　抜き加工は切削加工などとは異なり，刃物で材料を削りとるのではなく，材料にせん断応力を発生させ，破断（割る）する加工だといえる。パンチが材料に接触し，抜きを完了する過程は，**図2.1**のような塑性変形期（材料を押しつける），せん断期（パンチ，ダイの刃先が材料に食込む），破断期（刃先に近い

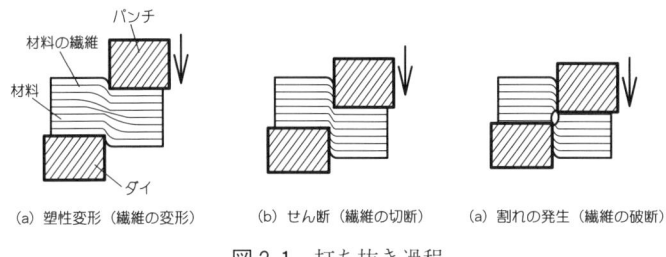

(a) 塑性変形（繊維の変形）　　(b) せん断（繊維の切断）　　(c) 割れの発生（繊維の破断）

図2.1　打ち抜き過程

部分から割れが発生する）の三つに分けられる。

バリは最後の破断期に生じるが、それをできるだけ少なくするには、つぎの（1）から（4）がポイントになる。

（1） 破断の発生位置が刃先の角に近いこと

パンチおよびダイから発生する割れ（クラック）が刃先部から発生すれば、バリは発生しない（図2.2(a)）。刃先部には圧縮応力が同時に生じており、このため割れが発生する位置はほんのわずかずれ、これが微小なバリの原因となる。そのためバリをまったくなくすことはできない（図2.2(b)参照）。

さらに刃先が摩耗によって鋭角でなくなると、割れ発生位置は側面上方にずれる。割れは摩耗を生じていない点から発生し、これが大きなバリのでる最大の原因である（図2.2(c)参照）。

したがって、バリ対策は刃先の摩耗対策と同じといってよいほど両者の関係は深い。

（2） 破断はパンチ、ダイの両方から発生し、途中でずれないこと

パンチが下降して材料に接触してからの割れの発生するタイミングは、材料（材質および硬さ）によってほぼ決まっており、これを食込み率と呼んでいる（図2.3）。しかし実際は刃先の形状によって異なり、鋭いほど速く、鈍化するにしたがって遅くなる。

またクリアランスが過大な場合や、一方のだれが大きいと片側のみの割れで

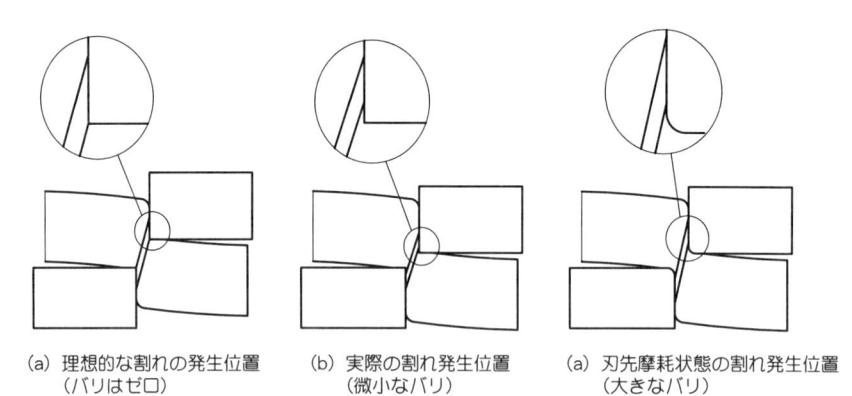

(a) 理想的な割れの発生位置　　(b) 実際の割れ発生位置　　(a) 刃先摩耗状態の割れ発生位置
　　（バリはゼロ）　　　　　　　　（微小なバリ）　　　　　　　（大きなバリ）

図2.2　割れ発生位置とバリの大きさ

2.1 バリ（かえり）

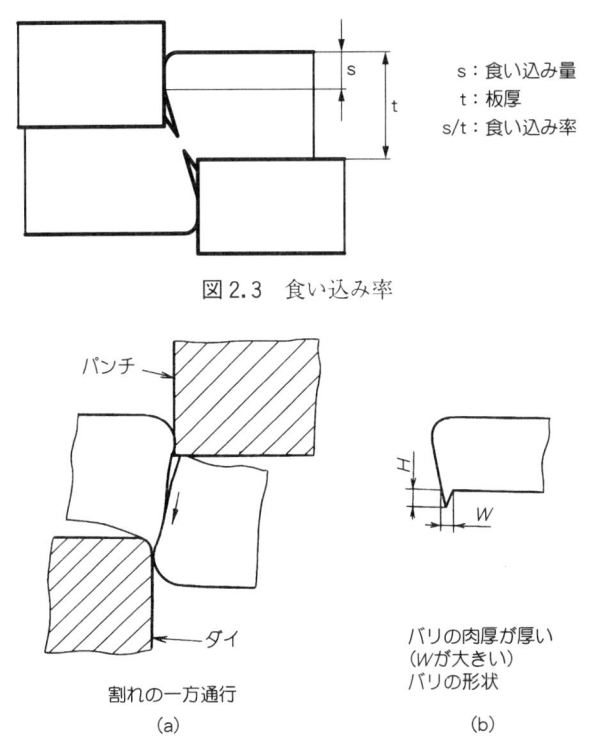

図2.3 食い込み率
s：食い込み量
t：板厚
s/t：食い込み率

図2.4 クリアランスが大きい場合の割れの発生とバリの形状
(a) 割れの一方通行
(b) バリの肉厚が厚い（Wが大きい）バリの形状

加工が終わってしまう（図2.4(a)）。このような場合のバリは一般に肉厚が厚く，そのうえ発生の仕方が不安定である（図2.4(b)参照）。

（3）刃先の側面と材料との滑りをよくし，焼きつきを起こさせない

パンチおよびダイの側面には材料との間で大きな摩擦力が生じる。しかも刃先側面と接触するせん断面は新しく作られた面であり，油膜はなく，材料または刃先表面からの油膜も強い摩擦力で切れてしまう。この状態でパンチおよびダイの側面を材料が滑るため，摩耗と焼付きを起こす（図2.5参照）。

また，抜き時の塑性変形による発熱も刃先付近に蓄積され，この付近の温度を上昇させる。このため主としてパンチは側面摩耗をするだけでなく，溶着とその脱落によるチッピング，焼付きによりストリップ時に引きちぎられるということもある。

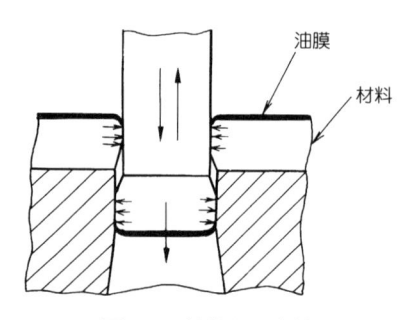

図2.5　材料との摩擦

側面の摩耗と焼付きはクリアランスが小さいほど発生しやすく，ダイの二番の逃しが不十分な場合もとくに発生しやすい。

（4）　刃先付近の材料に引張り力が働くようにする

通常の抜きでは抜くときに材料はパンチとダイに押され，引張り応力を生じ，これによって割れが発生する。しかし，材料の引張られまいとする力（主として水平方向の抵抗）が弱いとうまく破断せず，刃先の摩耗がいちじるしいだけでなく，バリの原因となる（図2.6）。この対策としては，材料が移動しないように押さえつけるのが効果的である。

以上をまとめたものを表2.1に示す。さまざまな応用を必要とする実際の場合，この原則に戻って考えてほしい。

A：引張り力
B：反力（抵抗）

一般的な打抜き　　　　引張り力が作用しない例

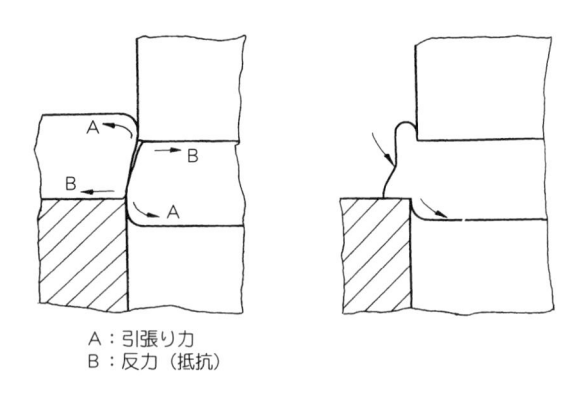

図2.6　一般的な打抜きと反力（抵抗）が少なく，破断しない例

2.1 バリ（かえり）

表 2.1 バリ対策

バリ対策の原則（基本ルール）	具 体 的 対 策 の 例
1．破断の発生位置が刃先の角に近いこと（パンチ，ダイの刃先は鋭く，磨耗しにくいこと）	・耐磨耗性の高い材料を用い，正しく熱処理する ・刃先の面粗さを細かくする ・磨耗が進みすぎる前に刃先を再研削する ・刃先に微小 R をつけてチッピングを防ぐ ・輪郭形状の角に丸みをつける（0.5 t 以上） ・刃の表面に耐磨耗性の高い被膜をつける ・動的精密の高いプレス機械を使用する
2．破断はパンチ，ダイの両方から発生し，途中でずれないこと（クリアランスの最適化）	・被加工材の材質，板厚，輪郭形状に合せたクリアランスを採用する ・精度，剛性の高い型構造とする ・カットオフの場合は側圧対策をする ・送り不良，加工ミスなどの防止 ・動的精度の高いプレス機械（とくに水平方向）を用いる
3．ダイ刃先の側面と材料との滑りをよくし，焼付きを起こさせない	・ダイのストレートランドを短くし，二番を確実に逃す ・切刃部側面の面粗さを細かくする ・被加工材料と親和性の低い型材料を用いる ・耐焼付き性の高い被膜をつける ・打抜き用の工作油を用いる ・刃先部を冷却する ・動的精度の高いプレス機械（とくに垂直方向）を用いる
4．刃先付近の材料に引張り力が働くようにする	・固定ストリッパを可動ストリッパにする ・クリアランスをやや小さめにする ・さん幅を広くする ・鋭角に交叉する切断，分断，その他の打抜きは避ける

2.1.2 現象と対策

バリの発生原因と対策の基本は前にも述べたが，発生状況はさまざまであり，それに応じた対応が望まれる。以下，バリの発生状況による原因と対策の例について述べる。

（1） 全周にでるバリ（図 2.7 参照）

全周にでるバリは，初めからクリアランスが大きすぎる場合のほかは，パンチまたはダイの定常摩耗によるものが多く，刃先

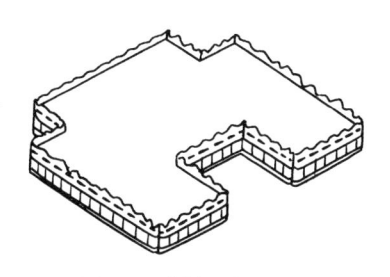

図 2.7 全周に出るバリ

を再研削することによって解決することができる。

バリの発生としては金型その他に異常がなく，バリの発生状況としては程度がよいといえる。ただし予定抜き数に比べていちじるしく少ない数でバリが発生する場合は，つぎの点を検討するとよい。

① プレス機械の精度，とくに動的精度の悪いものを使用しないこと

プレス能力の100%に近い付近で作業をしていないか。プレス能力の70%以下での使用が望ましい。

水平方向にガタの大きなプレスでは，打抜き後にパンチとダイの側面が接触し，図2.8(b)のような摩耗が生じる。

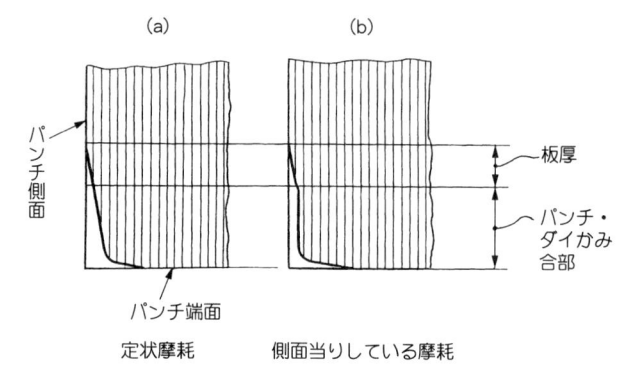

図2.8 通常の摩耗（定状摩耗）と側面当りにより，摩耗した刃先の形状例

② パンチまたはダイの材質および熱処理に問題のないこと

他の試験が困難な場合は硬さだけでも調べるとよい。

③ かす詰り

ダイの二番の逃し不完全によるかす詰りのないこと。

（2） 左右で異なるバリ（図2.9参照）

打抜いたブランクまたは穴のバリが左右で異なる場合は，つぎのような原因と対策が考えられる。

① 金型製作時のクリアランスの片寄り

金型単体のクリアランスであり，静的な精度である。比較的小さなクリアランスの場合はビニールを抜いて確認することができる（図2.10参照）。

2.1 バリ（かえり）

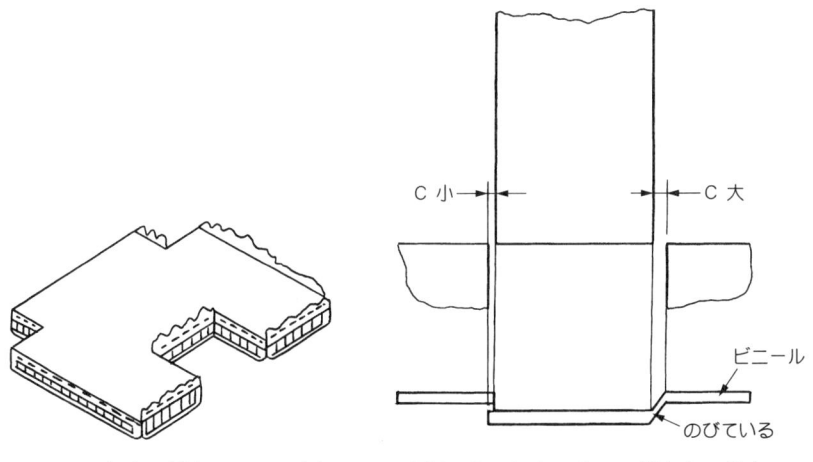

図2.9 左右で異なるバリの例

図2.10 クリアランスが小さい場合の片寄りの確認例

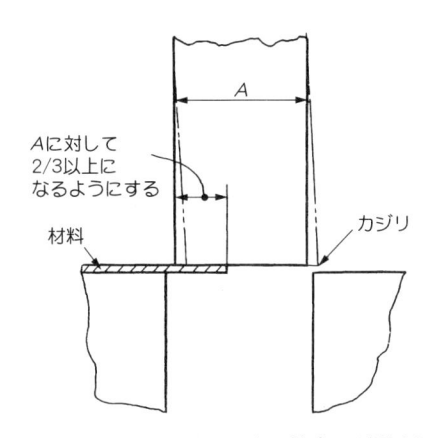

図2.11 順送り型での片側抜きの対策例

② 片側のみの打抜き

　順送り型の先端部，送りミスによる片側のみの抜きなどの場合，パンチは側圧を受けて曲がり，反対側のダイとかじりが生じる。この対策としては，順送り型でのレイアウトと材料のスタート位置の関係への配慮（図2.11），精度の高いストリッパガイドが有効であり，カットオフ（切欠き）の場合はバックアップヒールなどをつける。

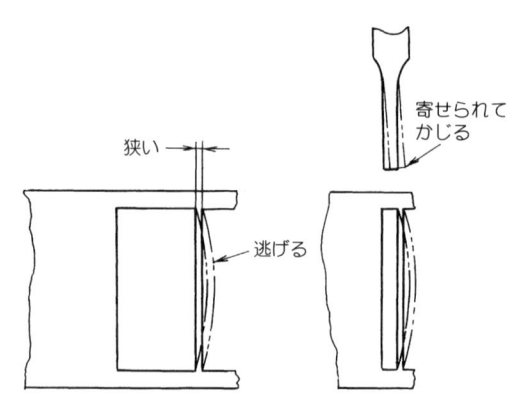

図2.12　さん幅が狭いためのさんの逃げとパンチの曲がり

③　さん幅が小さい

　さん幅が小さい場合，さんが逃げることにより，左右の抜き条件が変化することと，幅の狭いパンチの場合，横へ寄せられることが考えられる（図2.12）。対策として，さん幅を大きくすることがあげられるが，これが困難な場合はパンチのストリッパガイドの精度を上げる。押さえ抜きとし，押さえ力を強くする（抜き力の15～30%）（図2.13参照）。

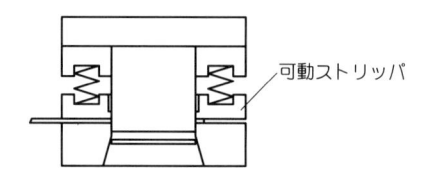

図2.13　ストリッパで材料を押さえる

（3）　部分的に大きくでるバリ

　部分的に大きくでるバリの例を図2.14に示す。原因としては金型部品加工の精度不良（部分的にクリアランスが合っていない），加工中の刃部の損傷（チッピング，砂などのかみ込みなど），部分的な刃部の焼付き（ダイの二番の逃し不良，抜きかすを巻込んだ打抜きなど）が考えられ，それぞれに応じた対策が必要である。このうち，とくに刃部の損傷は製品の切口面の状態を見ればよくわかる（図2.14(c)）。

　対策としては熱処理，とくに焼もどしを正しく行う，ダイの二番の逃しを確実にとる，刃先にごく微小なRをつける（コーナーをラップする），刃先の研削を湿式にする，などが有効である。

2.1 バリ（かえり）

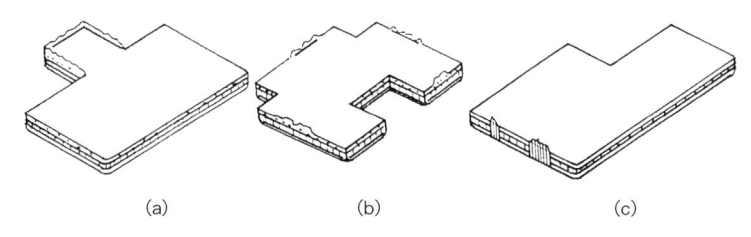

(a) (b) (c)

図 2.14 部分的に大きくでるバリ

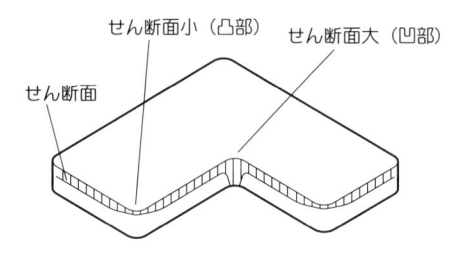

図 2.15 輪郭形状によるせん断
切り口面の形状の変化

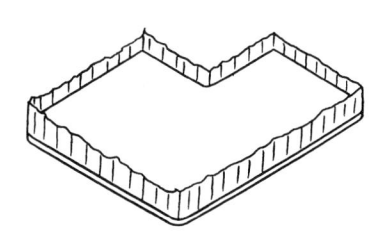

図 2.16 全周に持ち上げられた
ような大きなバリがでる例

（4） バリの状態が輪郭の各部分で異なる

この原因としては，ダイに対してパンチがねじれている，さん幅が異なる，輪郭の形状が異なるなどが考えられ，それぞれの原因を確認して対処する。とくに輪郭形状は凸部と凹部ではクリアランスが同じであってもせん断切口面の形状が異なり，金型の摩耗の程度も異なるため，部分的にクリアランスを調整する必要がある（図 2.15 参照）。

（5） 全周に持ち上げられたような大きなバリがでる（図 2.16 参照）

この原因の大部分はダイの二番の逃しの不完全によるかす詰りであり，ストレートランド部が長い，刃先が逆テーパになっている，などという例が多い。とくにワイヤ放電加工機でダイを加工した場合はかす詰りしやすく，一般の放電加工機（型彫り放電加工機），成形研削盤などでの加工に比べ短くするか（60〜80％），テーパ加工をするとよい。

また，パンチ（穴あけの場合はダイ）が異常摩耗および段摩耗をしている場合，焼付きを起こしている場合などにもこのようなバリが発生する。

焼付きを起こしている場合は，刃先の再研削だけでなくパンチまたはダイの側面をラップ仕上げすることが大切である。

（6） 小さな穴にバリがでる

板厚に比べて小さな穴（板厚の1.0倍以下）の抜き加工は，通常の抜き加工の理論が通用せず，圧縮加工に近い現象が起きる（図2.17）。たとえば通常の抜きでは，パンチが材料を押すと同じ量だけダイ側に出る。

しかし板厚に比べて穴径が小さい場合は，材料が圧縮されるだけでパンチに押された部分の板厚が薄くなる。この限界を越えると破断するが，抜きかす側のせん断面は小さなものになっている。

この対策のポイントはつぎのとおりである。

① クリアランスは通常の場合より小さめとする。
② ストレートランドを極端に短くし，二番の逃しを確実にとる。
③ パンチ，ダイの側面の面仕上げをよくし，加工油も十分つける。
④ 動的精度の高いプレスを使用する（とくに上下方向）。
⑤ ストリッパガイドを正しく行ない，パンチの折れや曲がりを防止する。

（7） 多くの穴の中で限られた穴にバリがでる（図2.18参照）

この原因と対策としては，つぎの事項が考えられる。

① 大きな穴に接近した小さな穴の場合，大きな穴の加工の影響を受ける。

素材暑さt_0と抜きかすの厚さt

$t < t_0$

通常の打抜き　　　　小径穴の打抜き

図2.17　一般の打抜きと小径穴の打抜きの違い

2.1 バリ（かえり）

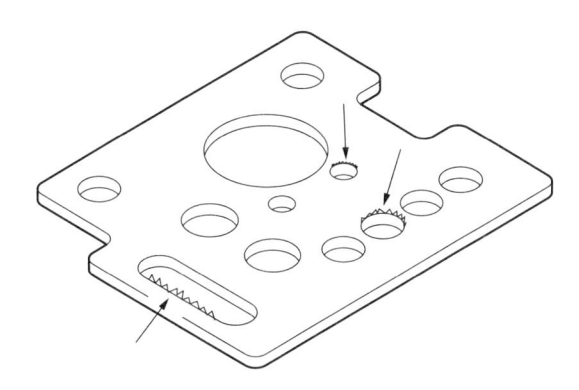

図 2.18 多くの穴の一部にバリの出る例

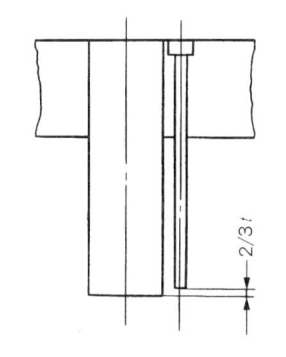

図 2.19 大きな穴に接近した小穴のバリ対策

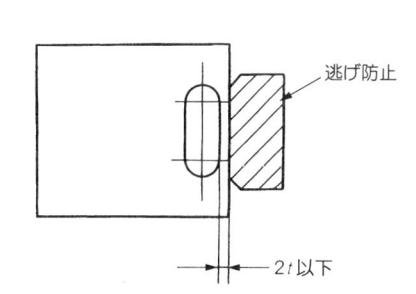

図 2.20 外形に接近した穴のバリ対策

この場合は小さな穴のパンチを板厚の 2/3 程度短くするとよい（図 2.19 参照）。

② 外形に接近した穴は材料が逃げる。その影響でのバリが発生。この対策としては逃げ防止を行うか（図 2.20），外形抜きパンチ（穴抜きダイ）の強度の低下を承知のうえで総抜き加工とするとよい。

③ パンチの位置および垂直度不良とクリアランスのアンバランス

パンチが多くあるとその中の一部のパンチのクリアランスが合わないことがある。この対策としては，パンチの位置，垂直度の確認，入れ子式のダイとしてパンチとのクリアランス合せを容易にする。

④ ダイの穴位置不良

ダイの穴位置不良としては熱処理による歪み，機械系の違いによる相対位置精度不良（図2.21）。たとえば，ワイヤ放電加工機，ワイヤ放電加工機とジグ研削盤などの組み合わせでダイを作る場合，金型の加工基準，位置合わせの方法と確認などの対策が必要である。これがうまくいかない場合は多少むだであっても同一機械ですべての穴を加工するとよい。

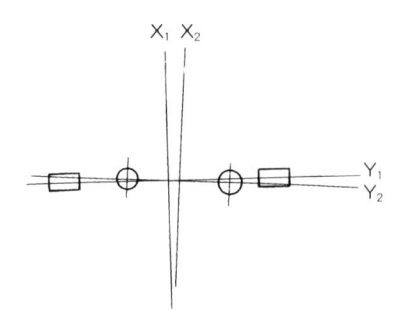

X_1, Y_1：ワイヤカット放電加工機の基準
X_2, Y_2：ジグ研削盤の基準

図2.21 異なる機器での基準のずれによる穴位置不良の例

（8） コーナー部分のバリ

抜き加工でもっともバリの発生しやすい部分が輪郭形状のコーナー部であり，同一条件でパンチとダイを作っても直線部分や大きな円弧の部分に比べてバリの発生は速い。コーナー部分は抜き時に応力が集中し，他の部分に比べて2～3倍摩耗が速く進み，この部分に三角形の大きなバリが生じる（図2.22参照）。

この対策としては何といってもコーナー部にRをつけるのがもっとも有効であり，最小でも$0.5t$以上の丸みをつけると見違えるようにバリは少なくなる。

また，この部分のクリアランスを他の部分よりわずかに大きくすることも有効である。コーナーにRがあってはまずい場合は，2工程に分けて抜くか部品の設計を再検討するとよい（図2.23参照）。

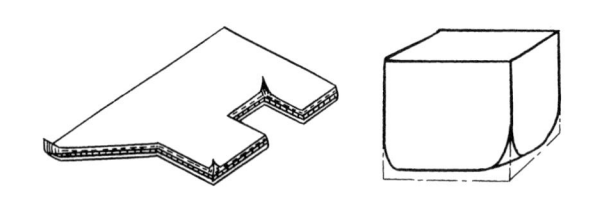

コーナー部分のバリ　　　パンチのコーナー摩耗

図2.22 コーナー部分のバリとパンチのコーナー摩耗

2.1 バリ（かえり）

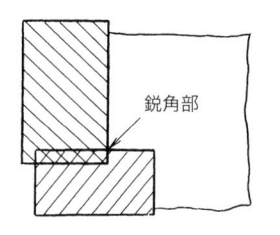

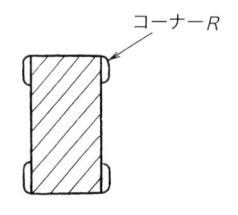

鋭角部を2回に分けて　　鋭角を必要とする穴（斜線部）
打抜く例　　　　　　　にコーナーRをつけて逃した例

図2.23　鋭角部の抜加工対策

（9）　順送り型のマッチング部にバリがでる（図2.24参照）

順送り型でのマッチング部は，その部分の形状とつなぎ方によって現象が異なる。一般的な注意事項としては，材料が逃げると破断しにくく，板押さえを十分きかせることが重要である。

① 直線部分でのマッチングのバリ

図2.25のように，製品を抜き落とすとバリ方向は逆になり，同一線上で切ろうとすると破断面は内側にくい込み，マッチング部両端に引きちぎったような大きなバリがでる。

この場合，キャリア部を抜いてバリ方向をそろえればよいように思われるが，前に抜かれたコーナー部（d部）は破断面が少なく，わずかなコーナーRもあり，切口面のつなぎは滑らかにならず，つなぎ部に部分的に大きなバリがでる。

対策としては，クリアランス(C)よりやや大きめの段差をつけるのがもっと

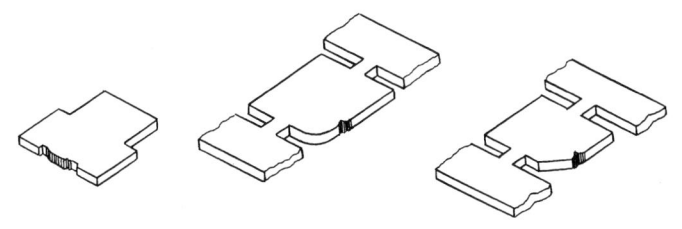

(a) 直線マッチング部　　(b) R-直線マッチング部　　(c) 角度-直線マッチング部

図2.24　マッチング部のバリの例

第2章　抜き加工品の不良対策

図2.25　直線部分でのマッチング

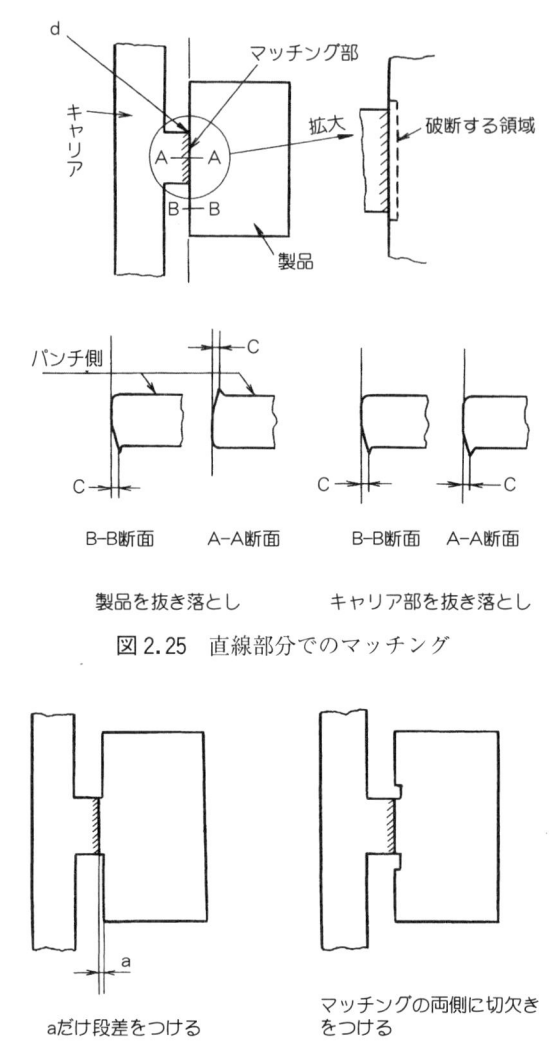

図2.26　直線部分でのマッチング対策の例

もよく，この部分を凸状にするが，部品の機能上同一線上にする必要がある場合は，マッチング部の両端に切欠きを入れるとよい（図2.26参照）。

なお，マッチング部を凹状に抜くのは刃先をいため，バリも多く発生するので，できるだけ避けたほうがよい。

2.1 バリ（かえり）

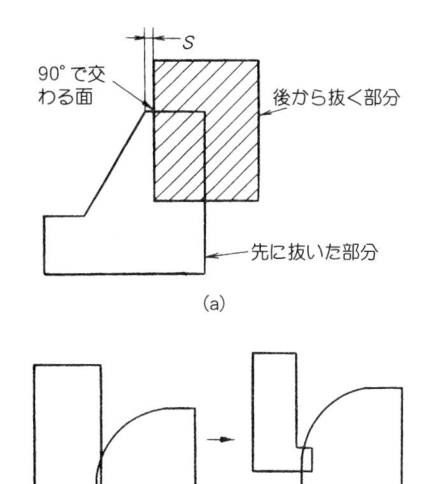

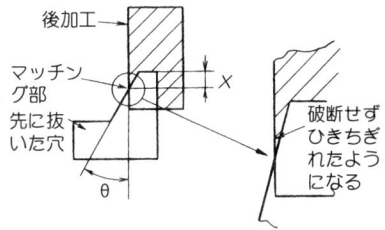

図2.27 角度θで交わるマッチング部

図2.28 鋭角で交わるマッチング部に直角で交わる面を設けた例（S は $0.5t$ 以上とする）

② 角度のある直線および直線部と R のつなぎ部のバリ

マッチング部に，図2.27のような角度θがあると，交点部分は抜き部の幅が板厚より小さくなり，ゼロに近付く。このため材料が逃げて破断せず，図2.24の(b)および(c)のようなバリが発生する。

この対策としては，図2.27の X の長さを短くする，角度θをできるだけ大きくする，などが考えられ，90°以下の鋭角な場合は，図2.28(a)のように直角部を設けるとよい。

R で交わる場合も同様であり，接触部が鋭くなるのを防ぐように考えるとよい（図2.28(b)）。

(10) ときどき大きなバリがでる

同じ金型を用いているにもかかわらずときどき大きなバリがでる原因としては，つぎのようなことが考えられる。

① 製品またはスクラップの排出不良などにより，ストリッパに傾きが生じる。
② パンチの固定が不完全でクリアランスが変化する。

③ ストリップ力とストリッパばね力のバランスが悪く，ストリッパが傾く。
④ ガイドポストとブシュのクリアランスが大きい。
⑤ パンチとストリッパが接触し，側圧を受けている。
⑥ 加工油の塗布が不安定で，ときどき焼付きに近い状況になる。

いずれにしろ加工が不安定なために発生しており，加工状態を徹底的に調べることが大切である。

(11) 段取りのつどバリの出方が変わる

この原因は何らかの不安定さによるものであり，抜き時にパンチとダイの関係が変化する要因を調べ，その対策をとる必要がある。

不安定要素としてはプレス機械の精度不良，金型不良，金型とスライドまたはボルスタの間へのスクラップなどの付着，スペーサーの平行度不良，シャンクの変形または取り付け不良による上型スライドの密着不完全などが考えられる。

(12) 刃先を再研削しても長持ちせず，すぐにバリがでる

この原因としては刃先の摩耗量が多く，再研削で取りきれない（図2.29(a)），再研削時の研削バリが残っているため，刃先がチッピングを起こしやすい（図2.29(b)）などが考えられる。

対策としては異常摩耗部を取り去る，刃先の平面部および側面部を油砥石その他でラッピングをする。刃先のコーナー部を皮，銅棒その他でラップする，などが考えられる。とくに研削バリを取ることは重要であり，再研削をした場

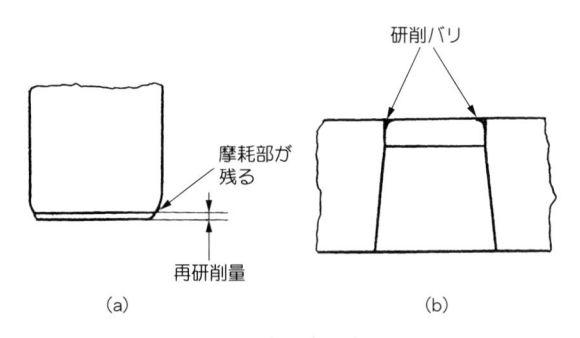

図2.29 刃先の角研削の不備

2.1 バリ（かえり）

合は必ずラッピングすることを忘れてはならない。
　この対策として，ガラスビーズを用いたショットブラストが効果的である。また，ダイの穴の中に残る研削粉（砥石の脱落した粒と削られた鉄粉）はきれいに取り去る必要がある。

(13) 切断部分にバリがでる（図2.30(a)参照）

　切断加工は片側のみの抜きとなるため，材料が逃げたり斜めになり，破断しにくい（図2.30(b)）。この対策としては，クリアランスを小さくしたり，材料の板押さえをつけることが有効である（図2.31）。また，パンチが側圧を受けて逃げやすいため，バックアップヒールまたはヒールブロックをつけるとよい（図2.32参照）。

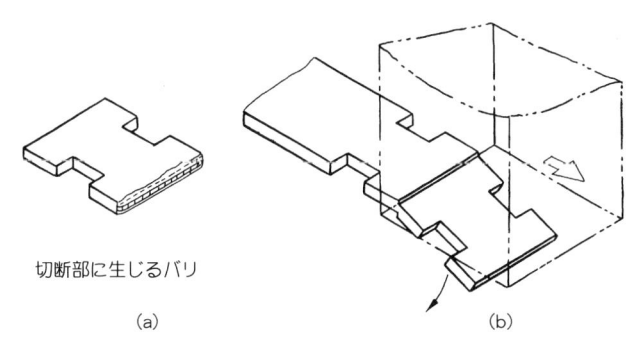

図2.30　切断部に生じるバリとその発生原因

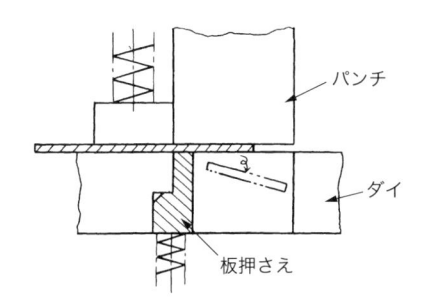

図2.31　切断加工の板押さえ

バックアップヒール　　　　ヒールブロック
（パンチ側）　　　　　　　（ダイ側）

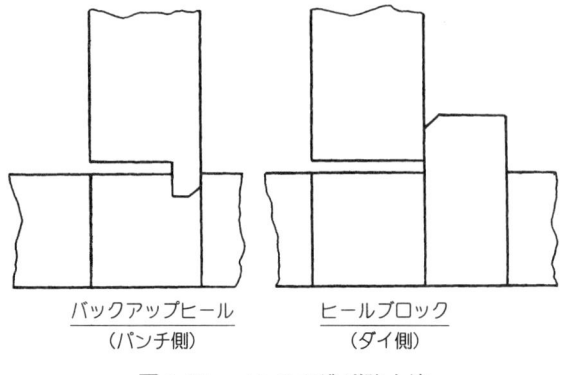

図2.32　パンチの逃げ防止法

2.2　寸法不良および形状不良

2.2.1　測定方法と測定精度

　寸法不良または形状不良の場合，一番始めにはっきりさせなければいけないのは，測定方法とその精度である。とくに公差が厳しくなるほど許容値に対して測定誤差の占める比率が高くなる。その中で最近問題になっているのは3次元測定機そのものの測定誤差と他の測定機とのずれである。

　3次元測定機は高価なうえ，文字どおり3次元の寸法を容易に測定でき，1μm までしかもディジタルで表示できるため，一般に測定結果は信用されやすい。このため測定機で誤差が生じると3次元測定機を正しいとして処理される例が多いが，3次元測定機は測定方法によって0.05 mm はもとより，0.1 mm 以上の誤差を生じる例をこれまで何度か経験している（図2.33参照）。

　とくにプレス加工部品は抜き部にだれや破断面があり，曲げ，絞り部には微小な反りやねじれなどがあるため，切削加工に比べて測定方法に対する注意が必要である（図2.34参照）。

　測定誤差を少なくするには測定器，測定方法，測定者を一定にすることが望

2.2 寸法不良および形状不良

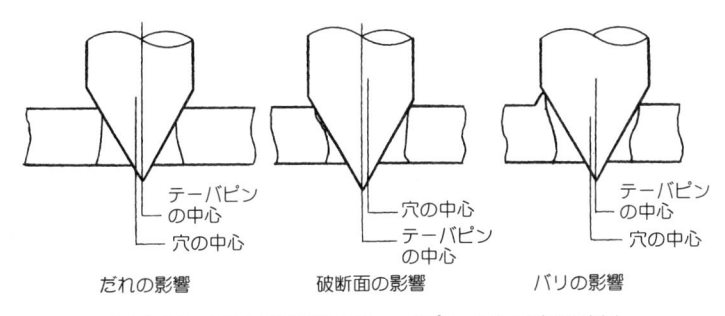

図2.33 3次元測定機のテーパピンでの測定誤差例

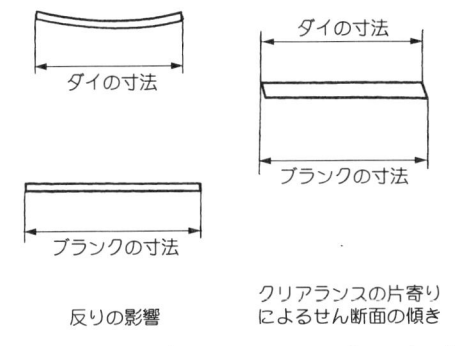

図2.34 金型寸法よりブランクがプラスする例

ましいが，加工現場，検査部門，受注先などのように異なる場合は測定器の種類，測定方法だけでも統一する必要がある。たとえば，バリの程度も目視，ダイヤルゲージ，顕微鏡，マイクロメータなどで異なり，測定圧によっても異なる。また寸法測定の場合もノギス，マイクロメータなどの接触測定と投影器，顕微鏡などの非接触の場合でも差が生じやすい。

　段取り後の初物検査や生産の途中の中間検査での測定は正確さとともに速さを必要とする。金型取付けなどの段取りを数分で終わらせても，測定に数十分かかっていたのでは小ロット生産が主流になりつつある今日，測定が生産性の足を引っ張ることになる。

　この対策としては，
① 測定項目を少なくする。
② 保守整備を中心とする金型，設備などの信頼性を高め，測定を簡素化す

る。
　③　測定用ゲージを使用する。
　④　作業標準を整える。

　など，プロセスの信頼性を高め，結果（加工した部品）の測定を少なくすることが望ましい。

　結果としての部品をいかに高精度に測定し，データを分析し，管理図を整えても不良対策としては所詮後追いにすぎない。同じ測定をするなら，プレス機械，装置，金型，被加工材など，システムを構成する部分に力を入れ，作業標準の基準と合わせて，良品以外はできないシステムの構築とその維持が不良対策の決め手である。

2.2.2　金型の精度と製品の精度

　製品の精度と金型の精度の関係は，つぎの三つに分けられる。
　①　製品の形状寸法はほぼ金型寸法に等しい。
　②　製品の形状寸法は金型の寸法を中心にバラツキが大きい。
　③　製品の形状寸法は金型の寸法に一致しない。

　①の場合は，主として抜き加工の場合であり，金型の精度を向上させれば製品の精度も向上する。とくに高精度になると金型の形状，寸法だけでなく，金型の面粗さとプレス機械の精度，熱対策なども関係してくる。

　②の場合は曲げ，成形などに多く，金型の精度よりもバラツキ対策が重要である。

　バラツキの主な原因は，被加工材の材質，板厚が主であるが，このほかプレス機械の精度，型の摩耗なども影響する。精度の高い曲げ加工では被加工材の層別管理，プレス機械の精度向上，予防保全などが効果的である。

　③の場合は曲げ，成形，絞り加工において材料の弾性変形によって起こるものであり，金型の形状寸法を製品のねらい値に対しずらして作る。この場合は，まずプレス加工および金型製作の条件を整えて安定させ，そのうえで金型の寸法形状を補正する。

　補正値は要素別に過去の多くの事例のデータを集めて分析するとよく，社外

のデータブックなどは参考にする程度とする。

　これらの変動要因を考えて，製品精度に対して金型精度をどの程度におさめるかはむずかしい問題であり，一概にはいえない。しかし，社内で金型を作り，これを使用する場合や，金型メーカーから購入する場合でも，金型のGT（グループテクノロジ）化を行い，グループ別に目標精度を決めるとよい。

　日本の場合はこれが不明確であり，「具合が悪ければ直し，使えれば使ってもらう」といった形で済まされている例が多い。加工の内容と金型の種類によって異なるが，生産量とバラツキの予測をし，試作サンプルの精度は製品精度の30〜80%におさめるべきであり，段階的に精度の向上を図るとよい。

　金型の品質については，初期の製品精度とは別に信頼性の保証（再研削の間の寿命，総寿命の予測と再研削しろなど）が何とかならないかという要望が多い。これについては「使い方によって何ともいえない」ということではなく，逆に加工条件を制限しても保証できる形にもってゆくべきであろう。

2.2.3　現象と対策

（1）　外形寸法が大きくなる

外形寸法が大きくなる場合，原因を二つに分けて考える必要がある。

① ダイの寸法が大きい。

② ダイの寸法に比べてブランクの寸法が大きくなる。

①の原因としては，始めから金型の寸法が悪いほかにはダイにストレートランドがなく，テーパ部を再研削したためにダイの寸法が大きくなったことが考えられる。刃先部からテーパをつける場合はテーパをゆるくするほか，再研削による寸法の拡大を考慮して始めはマイナスぎみに作っておくとよい。

②の場合はクリアランスが小さく，抜かれた後でやや広がる，ブランクがわん曲して抜かれる，クリアランスが片寄っており，せん断切口が斜めに抜かれる，切断の場合は材料が逃げるなどが考えられる。

　対策としては，適正クリアランスで抜くことと反り対策としては可動ストリッパの使用，総抜形式で加工するなどがある。

（2） 外形寸法がマイナスするものが混入する

外形寸法がマイナスする場合，全体にマイナスするのは被加工材が比較的厚板で硬く，クリアランスが大きめなことが考えられる（ダイ寸法より小さく抜ける）。

これは抜かれたブランクをダイの中へ入れてみれば確認できる。このような場合はクリアランスを小さめにするか，ダイの寸法を大きめにする必要がある。しかし，マイナスするものが混入するのは材料ガイドのすき間が大きく，縁さんにブランクがかかる，送り量不足により送りさんにかかる，順送り型のアウトカットで送り量が不足している，などが考えられる（図2.35参照）。

（3） 順送り型のアウトカットで外形寸法が変化する

図2.36は，送りピッチのバラツキで外形寸法Aが変化する例である。この

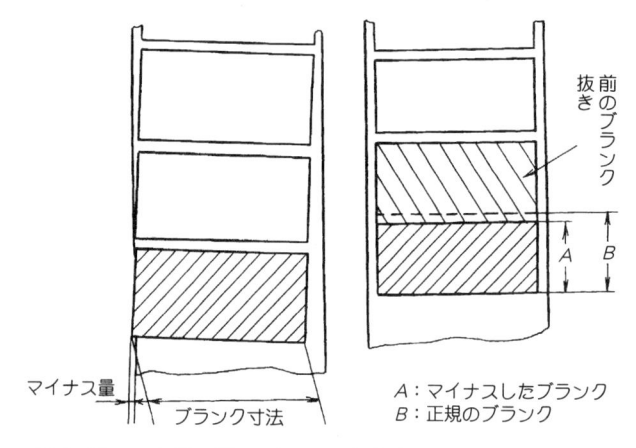

A：マイナスしたブランク
B：正規のブランク

図2.35 さん幅の外へブランクがかかってマイナスする例

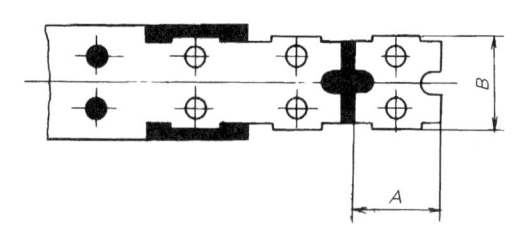

図2.36 順送り型でブランク寸法Aが変化する例

対策としては，必ずパイロット穴をあけたステージのつぎのステージでパイロットをする，送り精度を高くする，パイロット穴の径は大きめにして剛性を高め，穴とパイロットのすき間を小さくする，などが考えられる。

（4） 穴寸法がマイナスする

穴寸法がマイナスする原因と対策は，つぎのとおりである。

① 穴と外形が接近しており，穴加工後外形を抜くためマイナスとする

この対策としては，外形抜き後に穴をあける（ただし穴寸法と外形が大きくなる可能性がある），総抜きとする，製品の形状を変更する，などが考えられる（図 2.37 参照）。

② バリがつぶれる

穴あけ時は正寸であっても穴のバリが後工程でつぶされ，結果的にマイナスと判定されることが多い。

この対策としては，クリアランスを適正にとり破断面の量を大きくする，バリが大きくならないように管理する，などが有効である。

③ パンチ寸法がマイナスする

パンチは側面が摩耗するとマイナスする。このためパンチ寸法はあらかじめ大きめに設定し，側面の面粗さをよくするとよい（図 2.38 参照）。

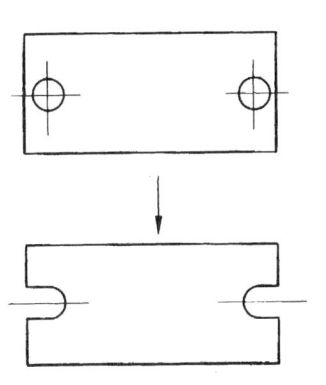

図 2.37 外形に接近した穴の形状変更例（穴抜き→外形抜き加工）

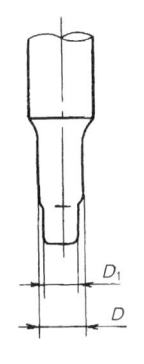

図 2.38 磨耗による寸法の減少

D：元の直径
D_1：摩耗した後の直径

④ クリアランスが小さい

クリアランスが小さすぎると，パンチ寸法より穴寸法がマイナスすることがある。この対策としては適正クリアランスにすることが必要であり，穴のせん断面が大きく，寸法精度の高い場合はパンチ側面の仕上げをよくし，寸法はマイナスする量だけ大きめにする。

（5） 穴寸法がプラスする

パンチの寸法より穴の寸法が大きくなる原因としてはつぎのことが考えられる。

① 材料が比較的硬く，クリアランスを大きめにしてある（とくに板厚が厚くなるほどこの傾向が強い）。

② 外形と穴が接近している部分に穴をあける（材料が逃げる）。

この対策としてはクリアランスを小さくする。金型が破損しやすくなるのを覚悟のうえで総抜きとする，データを集めてパンチ寸法をマイナスぎみに作る，などが考えられる。

精度が高く規格内へおさめるのが困難な場合は小さめに抜き，シェービングやバーニッシュの工程を加えるとよい。

（6） 穴のピッチが変化する

順送り加工で穴のピッチが変化するのは，別なステージで加工する場合に生じやすい（図2.39）。これは2工程で穴をあける他の加工法でも同様である。この対策としてピッチ精度の高い穴は同一ステージまたは同一工程で加工することが望ましい。同時に加工している穴ピッチのバラツキが大きいのはパンチの固定不良，ストリッパでのパンチ先端ガイドがされていない，などが考えら

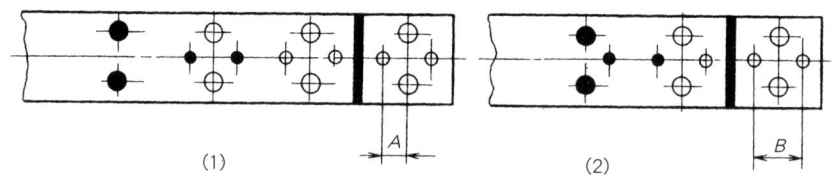

図2.39 順送り型で穴ピッチのバラツキを生じやすい例 (1)の場合はAが，(2)の場合はBのピッチが変化しやすい。

れるが，パンチを正しく垂直に固定し，ストリッパガイドを確実に行うことで解決する．

（7） 外形と穴の関係位置が変化する

この最大の原因は，穴あけ工程の位置決め（位置決めピン，位置決めプレート，ストッパなど）の不具合が考えられる．位置決めピンを使用する場合は，ピンの摩耗と製品のすき間に十分注意し，横方向のずれだけでなく，回転のないように注意する（図 2.40 参照）．

位置決めプレートの場合も同様であり，ブランクとのすき間のないこととダウエルピンの信頼性が必要である．とくに作業ミスをしてこれらをいためた後は必ず確認をする必要がある．

確認の方法はブランクを左，右，前，後の各方向へ押しつけるようにして挿入し，それぞれの位置の変化を調べればよい．位置決めは2方向だけでは不安定であり，必ず4方向を固定するようにする．順送り加工の場合は材料の送り長さが正しいこと，パイロット穴とパイロットピンの寸法差が少ないこと，材料の横曲がりの少ないことなどが必要である．

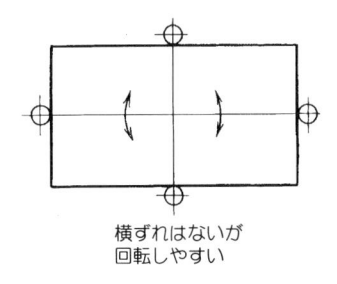

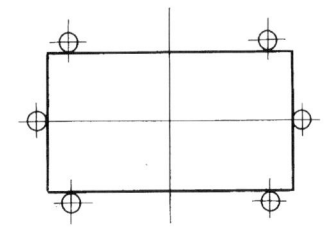

図 2.40　外形と穴の関係位置の変更

（8） 金型を修理すると穴位置が変わる

これは金型の組立に不安定さがあるためであり，パンチの固定，ガイドポストとブシュの関係，位置決めプレートのすき間，ダウエルピンのゆるみなどを調べるとよい．とくにパンチプレートのコーキングは絶対避けるべきであり，いたみのひどいものはひとまわり大きな穴をあけ直し，パンチをこれに合わせるか，パンチプレートを交換する必要がある．

（9） 細い抜き部のねじれ，横曲がり，振れ，抜き幅の不安定など

板厚に近い細い製品の加工はむずかしく，断面のねじれ，横曲がり，振れ，抜き幅の変化などの問題が生じる（図 2.41 参照）．これらの対策は次のような

第2章 抜き加工品の不良対策

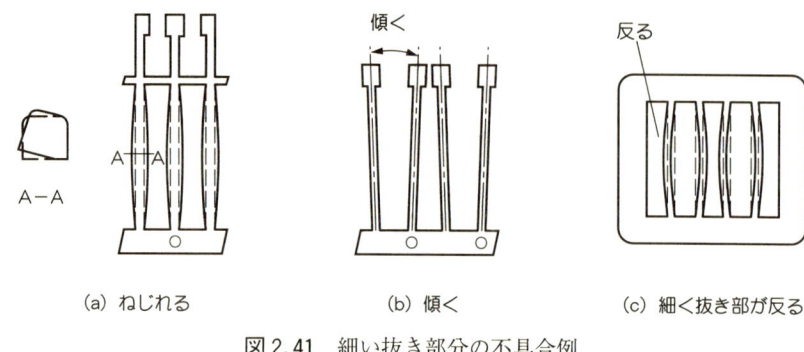

(a) ねじれる　　(b) 傾く　　(c) 細く抜き部が反る

図2.41 細い抜き部分の不具合例

ことが考えられる。

① パンチおよびダイの刃先はだれがなく，切刃のエッジは正しく確保されていること。

② パンチの側面の面粗さがよいこと（軸方向に研削目のある成形研削加工が望ましい）。

③ かす詰りのないこと。

④ クリアランスが適正であり，片寄りのないこと。

⑤ ストリッパは厚さが十分あり剛性の高いこと。

⑥ ストリッパは不必要な部分を逃し，材料押さえが抜き部に十分働くこと。

⑦ 一度に全体を大きく抜かず，部分的に抜き，応力の分散を図る。

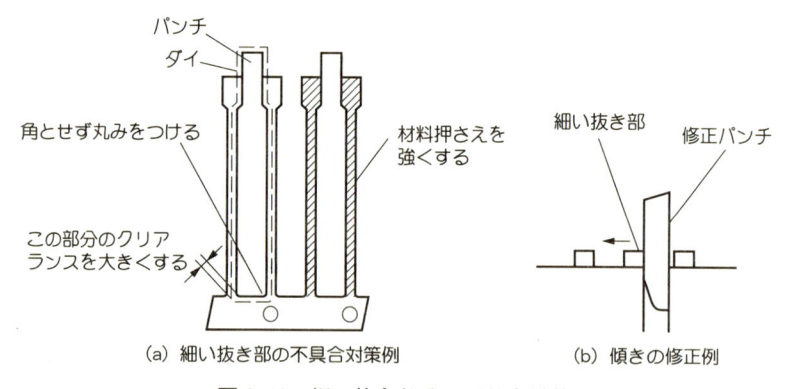

(a) 細い抜き部の不具合対策例　　(b) 傾きの修正例

図2.42 細い抜き部分の不具合対策

⑧ 角部のクリアランスを大きくする。

⑨ 後のステージに修正工程を入れ，位置を修正する（図2.42）。

(10) 鋭角度突起部，シャープエッジ部がだれる

90°より鋭角な部分の先端は，いかにダイのコーナーの R を小さくしても鋭角にならず，だれも大きくなる（図2.43(a)）。これはこの部分のクリアランスが大きくなることと，応力が集中するためであり，鋭角部は理論的にもクリアランスを小さくすることが不可能である（図2.43(b)）。

この対策として，図2.43(c)のように2回に分けて抜くことがもっとも効果的であり，シェービングをすればさらによい。しかし，部品設計段階でこのような形状を避けるのが最上であることはいうまでもない。

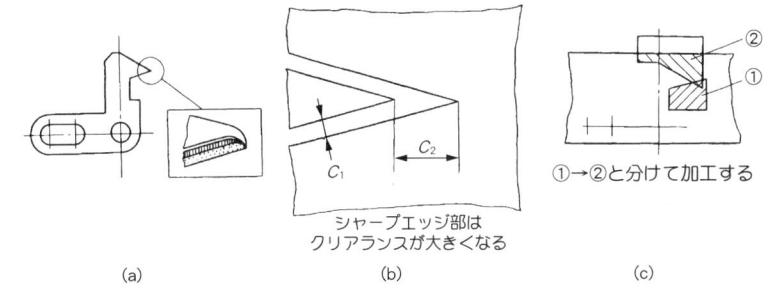

図2.43 鋭角な突起部のだれとその加工法

2.3 せん断切り口面の形状

2.3.1 抜き加工とせん断切り口面の形状

抜き加工におけるせん断切り口面は，つぎの三つに分けて考える必要がある。

① 金型の寿命を優先し，数を多く抜きたい（せん断切り口面はあまり問題としない）。

② バリの小さいことを優先し，とにかくバリの少ない製品を多量に抜きたい。

③ せん断切り口面のできばえを優先し，とくにせん断面の比率とその表面の状態をよくしたい。

一般的にせん断切り口面は（図2.44）のようになり，これが自然な状態であり，もっとも一般的な例である。比較的バリが小さく，金型の摩耗が少ないのはこのようなせん断切り口面の形状のときであり，クリアランスもこのような状態になることを適正クリアランスと呼んでいる。しかし製品の要求として，

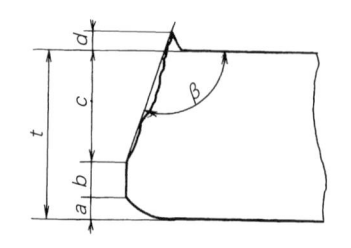

β：切り口の傾き　c：破断面
a：だれ部　　　　d：かえり
b：せん断面　　　t：板厚

図2.44　せん断切り口の形状

① だれを少なくしたい。
② せん断面の長さを長くし，破断面を少なくしたい。
③ 破断面の傾きを少なくしたい（直角にしたい）。
④ 寸法精度を向上させたい。

表2.2　切り口形状とクリアランスの大きさ

形状	クリアランス			
	極小	小	中	大
形　　状				
せん断面の大きさ	大			小
かたむき	0			大
だ　れ	小			大
寸法精度	やや悪	（良　好）		悪
わん曲			小	
かえり	薄くて取れやすい		小	大きくて丈夫 / 大

2.3　せん断切り口面の形状

⑤　製品の反り（わん曲）を小さくしたい。

などという場合は，金型の寿命が短くなるのを承知の上でクリアランスを小さくする（**表2.2**参照）。

　製品の高精度化の要求には，一般にクリアランスが小さくなっている。せん断切り口面の制約のため，故意にクリアランスを小さくして抜く場合はつぎの点に注意をする必要がある。

　①　輪郭形状のコーナー部は $0.5t$ 以上の R をつける。

　②　パンチの側面の面粗さをよくする。ラップ仕上げをよくする（ラップ仕上げをするか，研削を軸方向に行なう）。

　③　ダイは表面の変質層を取り，面仕上げをよくするとともに刃先に微小な R（$R\,0.05t$ 程度）をつける。

　④　ダイのストレートランド部を短くし，二番の逃しを確実に逃す。

　⑤　打抜き用の工作油を使用し，焼付きを防ぐ。

　⑥　ストリッパは可動式とし，板押さえ圧力を高くする。

　また，被加工材の硬さが比較的硬い場合や板厚が厚めの場合は二次せん断を生じ，ここから破断が進行したり，めっき不良の原因となるので注意が必要である。

　良好なせん断切り口面を得るための精密せん断法にはつぎのようなものがある。

　（1）　シェービング

　通常の条件で打抜いた切り口面を小さな取りしろで再度削り取る工法で，せん断面が多く，精度の高い切り口面を得る。シェービングは特殊な機械や金型を使用せず，良好なせん断面が得られるが，工程数が増える，金型数も増える，シェービングのかすの処理が面倒，刃先の寿命が短い，などの欠点がある。

　（2）　スライドの微振動によるシェービング抜き

　クリアランスの小さな金型を使用し，抜く過程でパンチに上下方向の微振動を与えながら下降させる。通常の金型に近い金型を用い，1工程で加工できるサーボモータープレスがある。一般に精密機器，電子部品，自動車用メカ部品などの精密部品の加工に用いられている。

（3） 仕上げ抜き法

クリアランスを0またはマイナス（ダイよりパンチを大きくする）の状態で，ダイ（外形抜き）またはパンチ（穴抜き）に丸みまたは面取りをして抜く方法で，容易にせん断面の平滑な抜きができるが，だれが大きい，バリが大きく出やすい，反りが大きい，軟らかい材料に限られる，などの面で用途は限定される。

表2.3　精密せん断法

種類		加工方法および原理	長所および欠点
精密打抜き（ブランキング（ファイン））		板押さえの突起を材料に押し込み側応力を発生させて破断を防ぐ	(長所) 寸法精度，仕上げ面ともに良好 (欠点) 専用機と専用型が必要でともに高価
仕上げ抜き（フィニッシュブランキング）	通常法	刃先にRを付け破断の発生を遅らせるとともにクリアランスを過小にする	(長所) 専用機が不要で仕上げ面良好 (欠点) わん曲，だれが大
	押出し法	ダイに面取りをし，パンチをダイより大きく作り，無理に押し込む	(長所) 専用機不要，仕上げ面，だれ良 (欠点) 使用できる材料が限定される
圧縮せん断		材料の横方向に圧縮力を加えながらせん断する	(長所) 棒材にも応用でき，仕上げ面良 (欠点) 専用機を必要とし，技術的にむずかしい
上下抜き		上下にパンチとダイを置き交互に半分ずつ打抜く	(長所) 材料の両面とも対称になめらか (欠点) 専用機が必要で金型とともに高価

2.3 せん断切り口面の形状

（4） ファインブランキング（精密抜き）

ファインブランキング（FB）は突起のついた板押さえでパンチの周囲を加圧し，抜き部周辺に圧縮力を発生させ破断を押さえる。平滑で精度の高いせん断切口面を得る方法としてもっとも多く用いられており，とくに板厚が比較的厚いカム，ギヤ，スライドレバーなどには切削加工にかわって広く用いられている。

（5） 上下抜き

パンチはノックアウトを，ダイは板押さえおよびストリッパの役を兼用させながら上向きと下向きに交互に抜く。これにより両面にだれとせん断面をもつブランクを得ることができる。

表 2.3 にシェービング以外の精密せん断加工の例を示す。

いずれにしろクリアランスを小さくしてせん断面を多くし，良好なせん断切り口を得るのは限界があり，一般に板厚の 2/3 程度を限界とし，それ以上の場合は精密せん断法を採用することがよい。

2.3.2 現象と対策

（1） せん断面に縦きずがつく（図 2.45 参照）

せん断面に縦きずがつく原因として，外形抜きの場合はダイ側に，穴あけの場合はパンチ側に原因があると考えられるが，つぎの点をチェックしその対策をたてるとよい。

① 刃先の微細な欠け（チッピング）
② 刃先を再研削した場合の研削バリ
③ 切刃側面の摩耗
④ ごみ，抜きかすなどのかみ込みによる刃先側面の縦きず
⑤ 潤滑不足による焼付き
⑥ かす詰り

主な対策としてはつぎの事項が有効である。

① パンチとダイ側面の面仕上げをよくする。

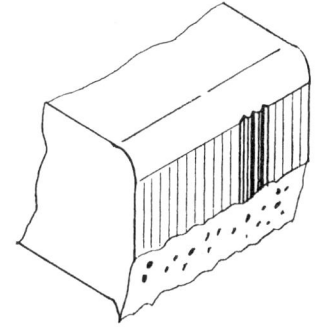

図 2.45 せん断面の縦きず

② 刃先コーナー部に 0.05 t 以下の微小 R をつける（ラッピング）。
③ 被加工材に適した型材質を選ぶ（親和性のないものほどよい）。
④ プレス機械は動的精度の高いものを使用し，圧力能力も 20〜30% の余裕をもたせる。
⑤ 金型は剛性の高い構造とし，インナーガイドを用いる。
⑥ 熱処理は正しく行う。
⑦ 刃部表面の耐摩性と耐焼付き性を考慮した表面硬化処理をする。
⑧ 超硬合金を使用する場合は，被加工材に合わせて適当なものを選ぶ。
⑨ 刃先の再研削を早めにする。

（2） せん断切り口が斜めになる（図 2.46 参照）

本来垂直であるべきせん断面が斜めになるのは，材料または金型が逃げるためである。材料の逃げはストリッパでの押さえやバックアップを確実に行い，パンチの逃げにはバックアップヒールなどを用いるとよい。また，刃先が摩耗していると逃げやすいので，刃先は常にシャープに保つ。

（3） せん断面の途中に横線が入る（図 2.47 参照）

せん断面の途中に，ショックラインのような横線が入る場合がある。順送り加工で一部をシェービングしたときにもシェービング面に表われることがある。この原因はプレス機械のブレークスルーによるものであり，横線の入る位置で

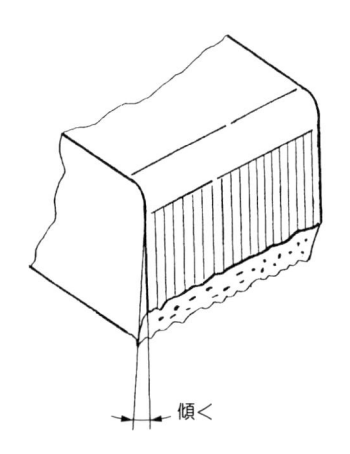

図 2.46　せん断面が斜めになる（傾く） 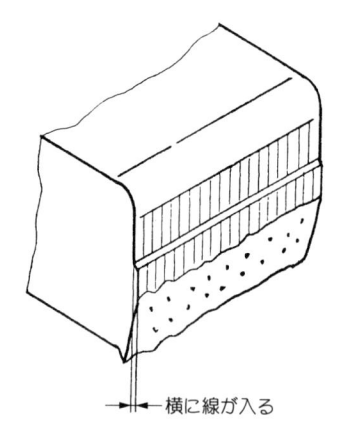　　図 2.47　せん断面に横線が入る

2.3 せん断切り口面の形状

他の部分が破断をしていることを示す。

対策としてはクリアランスを均一に保つほか，動的精度の高いプレスの使用とガイドポストのしっかりした金型とすることが望ましく，せん断面の長いことを部分的に要求される場合は他の部分もクリアランスを小さくするとよい。

（4） だれが大きい（図 2.48 参照）

せん断面のだれが大きい原因としては，クリアランスが大きい。材料の板押さえが不完全，ダイの二番の逃し不良，刃先のだれ，などが考えられる。

この対策は，だれの大きさの要求精度によって異なり，ややよくしたい程度であれば，上記項目の対策を行えればよい。しかしだれの大きさを図面で指定されたり，一般の抜き方法で困難な場合はシェービング，面押し（コイニング）などが必要になる。だれの対策では精密せん断法はあまり有効でない。

（5） せん断面が一様でない（図 2.49 参照）

せん断面が一様にならない原因はクリアランスの不均一であり，切刃面のうねりを調べる。部分的な摩耗および焼付き，手仕上げによる刃先の修正などが原因となっている場合が多い。

対策としては切刃側面の精度向上と二番の逃しを均一にしかも確実にとることがある。

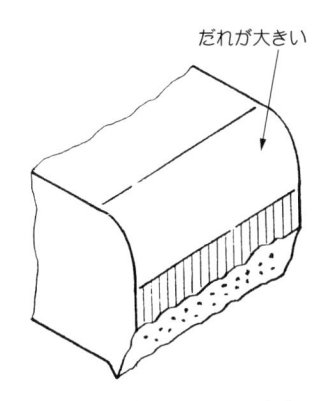

図 2.48 抜き部のだれが大きい 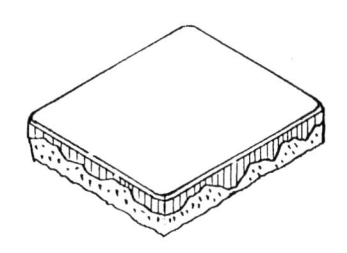　　図 2.49 せん断面が一様でない

（6） めっきをすると，せん断切口に異常がでる（図2.50参照）

抜き加工後にめっきをすると，せん断切口部にしみ，ふくれ，めっきのはく離などの以上を生じることがある。これはクリアランスを小さくして抜いたときに生じる二次せん断が原因で，切口面にクラックが残っており，空洞になっている部分に液が入るためである。これは洗浄液についてもいえる。

対策としては適正クリアランスで抜くのが望ましいが，せん断面を長くしたいときは刃先に微小 R をつける。しかし，根本的な対策としてはシェービングその他の加工がよいことはいうまでもない。

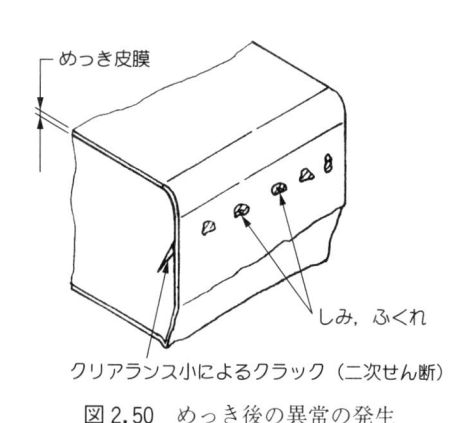

図2.50　めっき後の異常の発生

2.4　反り，ねじれ，その他

2.4.1　発生原因と基本対策

抜いたブランクまたは製品に反り，ねじれなどが生じる場合，その原因と対策は大きく分けてつぎの要因がある。

（1）　材料の反りおよびねじれ

材料に反りやねじれがあると，打ち抜いた後でもそれがブランクや製品に残る。

2.4 反り，ねじれ，その他

発生原因と基本対策には，つぎの二つがある。

① コイル材の巻きぐせ

コイル材は長い材料を切断しながら巻き取るが，巻き取る半径が限られており，コイル材の板厚方向に湾曲（反り）を生じる。したがって，外周部よりは芯に近い部分のほうが半径が小さくなり，湾曲も大きくなる。

対策はロールレベラで真っすぐに矯正する方法がある（図2.51）が，精度の高い矯正を行うにはロール本数の多い精密ロールレベラが必要である。

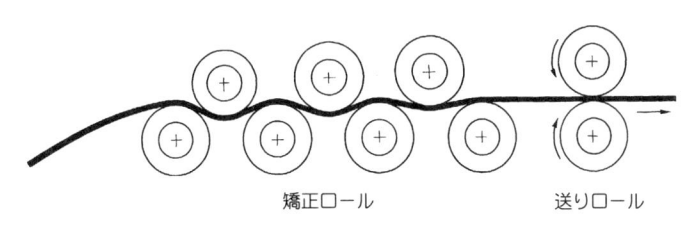

図2.51　ロールレベラ

② 切断した部分の残留応力の開放によるねじれ

コイル材の切断は，一般に図2.52のように回転する丸刃のせん断機で行うが，このときせん断部付近の材料にせん断ひずみが残る。

材料に加工を加えると，せん断ひずみがねじれの現象となって現れる。

対策は，材料を切断する業者の切断精度を向上するよう要請するとともに，業者の選定も考える必要がある。また，サイドカットなどでこのひずみ部分を取り去るのも有効である。

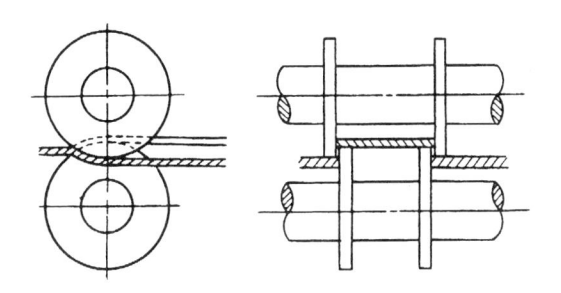

図2.52　丸刃せん断機での切断

（2） 抜き加工時の残留応力

抜き時の反りおよびねじれなどの発生原因としては，抜きの刃の近くで発生する曲げモーメントによる場合が多い（図2.53）。

基本的な対策としては材料に内部応力を発生させないことと，応力のバランスをとることを考えるとよい。クリアランスを小さく設定するのも有効である。

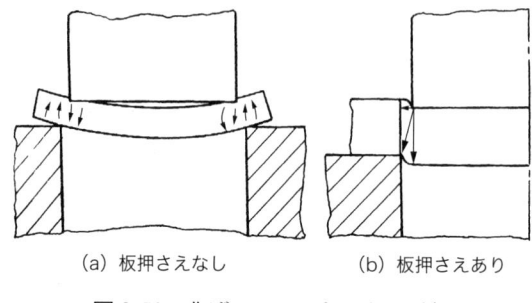

(a) 板押さえなし　　(b) 板押さえあり

図2.53　曲げモーメントによる反り

2.4.2　現象と対策

（1）　ブランク抜きで反る（図2.54参照）

ブランク抜きでブランクが反る原因は，せん断部で曲げモーメントが働くためであり，対策としてはつぎの方法が有効である。

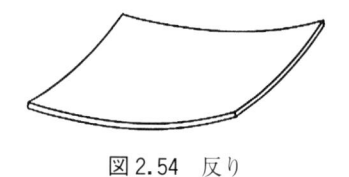

① クリアランスを小さめにする。

② 可動ストリッパなどで板を強く押さえる。

③ クッション付きのノックアウトで板を受ける。

④ 抜き落としをやめて総抜き形式にする。

⑤ ダイ切刃のランド部長さを短くし，二番を確実に逃す。

⑥ ランド部は微小テーパをつけ，逆テーパを避ける。

⑦ 打抜き用工作油の量を少なくする。

図2.54　反り

（2）　穴抜き加工で反り，波打ちが生じる（図2.55参照）

穴抜きで反る場合は，上記ブランク抜きの注意事項に準ずるが，軟質材に小さなクリアランスで加工したときに起こるので，クリアランスは適性に保つ。

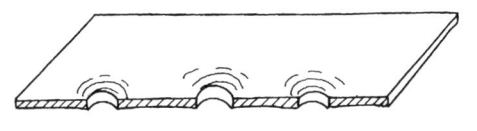

図 2.55　穴あけによる波打ち

ストリッパにはとくに注意し，ストッパの反り，材料押さえ面の摩耗，平行度不良，ストリッパとパンチのすき間が大きくないことなどを調べ，これらに不具合がある場合はこれを直す。

（3）連続的に打抜くと横曲がりを生ずる（図 2.56 参照）

連続的に打抜きを行うと横曲がりを生じることがある。この原因は材料の抜き加工による内部応力の開放，抜き加工の側方力の影響，送り方向に対して直角方向の左右のバランスが悪いなどがあり，キャリアの幅を広くする。サイドカットで不安定部を抜いて捨てる，左右対称にキャリアを付けるなどが有効である。

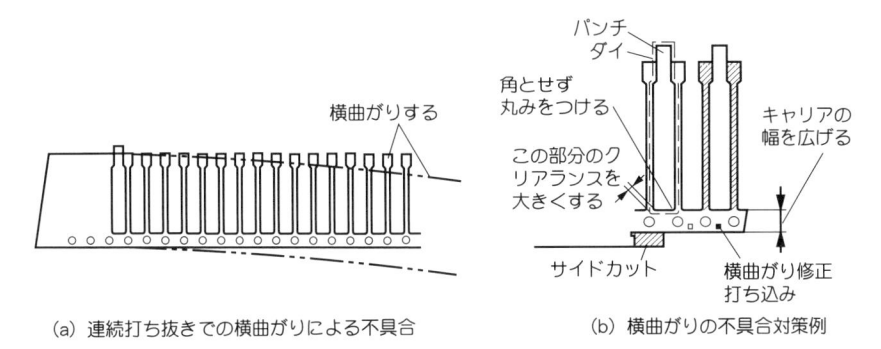

(a) 連続打ち抜きでの横曲がりによる不具合　　(b) 横曲がりの不具合対策例

図 2.56　横曲がり不具合と対策

2.5　きず，打痕

2.5.1　発生原因と基本対策

きずおよび打痕は空気中のごみ，せん断部のタング（二次せん断で発生した

部分）のはく離，バリの落ち，抜きかす，抜き不良によるブランクの欠損部など何らかの異物がパンチまたはダイに付着し，これが面押しされて生じる。したがって，この対策の決め手はこれらのものが発生しないようにすることが第一であり，次善の策としてこれらの除去がある。

具体的な発生防止策としては，

① かす浮き防止
② 適正クリアランスでの抜き
③ バリの発生防止（早めの金型クリアランス）
④ 製品の挿入ミス，送りミスなどの防止
⑤ 外部からのゴミ，砂ぼこりなどの進入防止

などがあり，除去策としては，

① 粘性の低い加工油を多量に流して型内を洗浄しながら加工する。
② 順送り型，可動ストリッパの金型などでは必要な部分以外を逃す。
③ 粘性の低い加工油を少量用いてエアで吹く。
④ バリをつぶさないように後工程を逃す。

などが考えられる。

2.5.2 現象と対策

（1） 大きな打痕がつく（図2.57参照）

かす浮きまたは加工ミスが原因であり，これらの防止を図る。

（2） 糸状の細い打痕（図2.58参照）

大部分がバリのはく離によるものであり，とくにクリアランスが小さく，刃

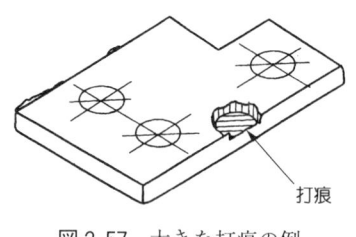

図2.57 大きな打痕の例　　　　図2.58 糸状の打痕

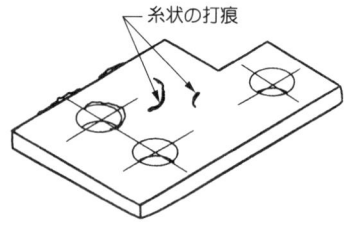

2.5 きず, 打痕

先がだれている場合に多い。糸状のくずの発生は被加工材の材質で発生状況が異なり, 黄銅およびアルミニウム合金などでは二次せん断面のタングのはく離が多く見られ, 表面処理鋼板では破断部から表面の被覆材のはく離が見られる。順送り加工ではサイドカットの突き当て部やマッチング部での発生もある。また材料の切断バリを, 材料ガイドで削っていることもある。

この対策としては, 材質に合わせたクリアランスの設定と刃先エッジ部の管理, 材料が移動時にすれる部分のチェック, 突き当て部や段差のチェックも大切である。

(3) 微小な打痕がつく (図2.59)

肉眼ではよく見えないような打痕は, 空気中のごみを除いて大部分は二次せん断面のタングのはく離とバリの脱落であり, このほかパンチ側面の面粗さが粗いと材料との摩擦により細かいくずが出ることもある (アルミニウムや黄銅材に多い)。これらは粘性の高い加工油を用いると型から取れにくいので, 粘性の低い加工油を用いて洗い流すようにするとよい。

(4) ダイ上面の凹凸きず

ダイにきずがあり, この部分に材料が強く押されるとそれが製品につく。とくにダイの構造を入れる方式とした場合, 入れ子と入れ子穴の段差の部分または割り入れ子の段差などで痕がつく (図2.60)。

(5) 位置決めピンの当りきずほか

位置決めにピンを使用する場合, ブランクの大きさに対しピンの位置が狭いと打抜き時に押し込まれ, 当りきずがつく (図2.61)。しかし, ゆるくすると位置ずれが生ずるため大きなブランクの場合は離れた位置に太めのピンを用い,

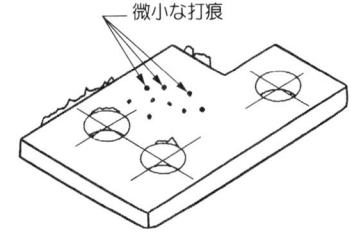

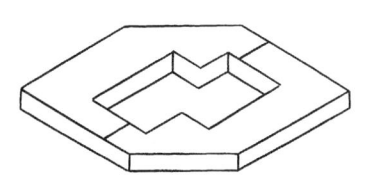

図2.59 微小な打痕   図2.60 割り型のつなぎ部の痕

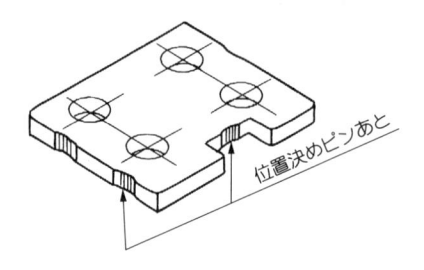

図 2.61　位置決めピンの当りきず

小さなブランクの場合は位置決めプレートを用いるとよい。またピンに回り止めをつけ，面接触させるのもよい方法である。

2.6　その他

（1）　プッシュバックがうまく入らない

プッシュバックをうまく入れるには，つぎの条件を満たす必要がある。

① クリアランスが適当であり，均一な状態で加工され，破断面の角度が安定していること（図 2.62 参照）。

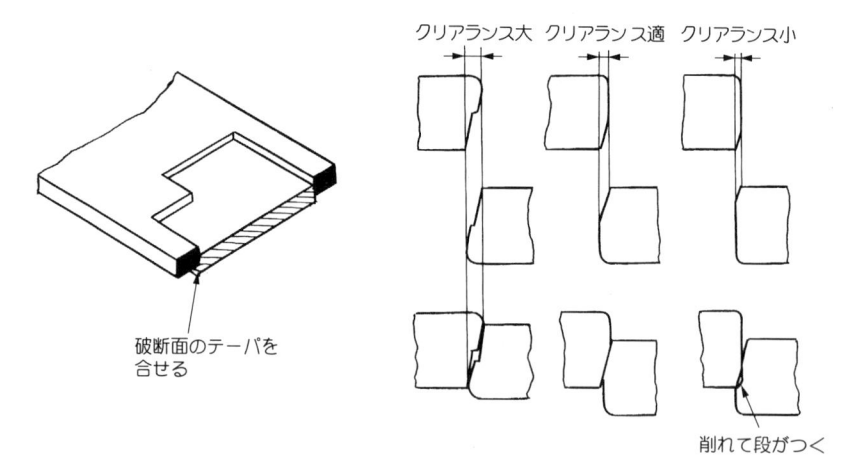

図 2.62　プッシュバックとクリアランス

② さんは細すぎず，適当な強度をもっていること。
③ ストリッパの面は平坦であり，押さえ力が十分あること。
④ ノックアウトのクッション圧はブランクの大きさに対し適当であること。
単位面積当たりのクッション圧が強すぎるとブランクがつぶされて大きくなり，このため入りにくくなる。もちろん弱すぎてはうまく入らない。
⑤ 材料に反りがなく，途中ステージで曲げが働かないこと。
材料に巻きぐせが残っている場合はレベラでまっすぐにする。

以上の対策をとっても材料のバラツキ，金型の摩耗，ばね圧力の変化などの不安定要素が残るため，根本的な対策としてはプッシュバックを避けるレイアウトが望ましい。また，完全に抜いたブランクを押し込むのではなく，ハーフブランク（途中まで抜いた状態で止めておき，後工程で分離する方法）や一部を切り離さずに微小量つないでおくミクロジョイント法がある。

第 **3** 章

抜き作業のトラブル対策

3.1 パンチおよびダイの寿命

3.1.1 自然寿命と事故寿命

　金型の寿命を考える場合，①自然寿命，②事故寿命の二つに分けて考える必要がある。

　自然寿命は人間にたとえれば老衰のようなものであり，天寿を全うした場合である。これに対し事故寿命は，自動車事故などのほか，食中毒，ガン，心筋梗塞などで本来の寿命を全うせずに終わる場合に当たる。

　金型の場合も型材質のもっている寿命を使い切る自然寿命の例は少なく，金型の取付けミス，クリアランスの片寄り，材料の送りミス，かす詰り，2枚打ちなど，さまざまな原因による事故寿命で修理や部品の交換をせざるを得ない場合が多い。このため型寿命の延長を図る場合は，まず，事故寿命対策を行い，その後で自然寿命の延長を図るべきである。

　事故が多いなかで，自然寿命の延長を期待して，型材質を超硬合金に変えたところ，チッピング，欠け，折れなどで鋼より寿命が短くなったという例も多い。

事故寿命対策としてはつぎの事項が有効である。
（1） プレス機械
静的精度（JIS B 6402）のほか，動的精度の高い機械を使用する。
動的精度は，実際に打抜くときの上下動，横方向へのずれなどであり，型寿命に大きく影響する。
必要な加工力に対して，ゆとりのあるプレス機械能力のものを選定することも必要である。
（2） 装置
送り装置そのほかの自動化装置は，精度の高いものを使用するほか，送り長さの変動を生じにくいものを用いる。ミスショットの原因の多くは装置の信頼性の不足によるものである。
（3） 材料
材料は材質が安定しているほか，バリ，反り，ねじれ，横曲がりなどの少ないものを用いる。
（4） 金型
剛性が高く，側圧などを受けない構造とし，ガイドポストとブシュのかん合，ストリッパの反り，偏心荷重などのないこと。また加工ミスがあってもパンチ，ダイの刃先を保護する構造であること（インナーガイド構造とする），事故寿命による刃先の不具合は，チッピング，欠け，折れ，割れのほか，片寄りのある摩耗などが考えられる。
自然寿命の延長を図るには，型材質を耐摩性の高いものに変える。表面に耐摩性の高い被覆をつける。面粗さをよくする，刃先のエッジの管理を正しく行う。適正なクリアランスを正しくつける，などが考えられる。

3.1.2 品質と摩耗曲線

抜き型の刃先を再研削したり，交換する主な理由はバリの大きさであり，このバリの大きさは刃先の摩耗程度にほぼ比例する。
図3.1は刃先の摩耗曲線であるが，この図からつぎのことがわかる。
① 金型のグレードに比べて，バリの程度(a)がきびしいA点の場合は，安

3.1 パンチおよびダイの寿命

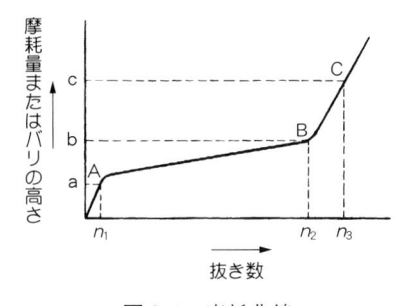

図 3.1 摩耗曲線

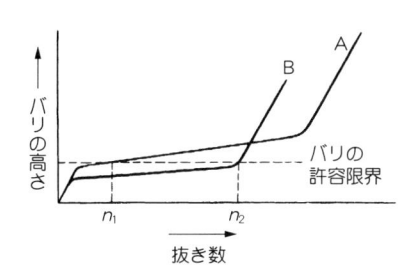

図 3.2 金型および加工システムのグレードアップ（A 曲線を B 曲線に変え，抜き数を n_1 から n_2 にする）

定期を使えないため，再研削の間隔が短く（n_1），常に再研削または修理を繰り返すことになる。

② B 点で再研削する場合は生産数が多く（n_2），品質も安定しており（バリの高さ b），刃先の再研削量も少なくてよい。

③ バリが多少あってもよいということで，無理をして抜いたり，気がつかずに B 点を過ぎると（C 点），少しの量を抜くだけで（n_3—n_2）摩耗およびバリは急速に大きくなり（c—b），刃先の再研削量も異常に多くなるか交換が必要となる。再研削のタイミングとしては手遅れである。

以上のことから金型の予防保全（定期整備）としては，いかに n_2 の生産数を見つけるかが勝負となる。またバリの程度がきびしい場合は，再研削を繰り返すのではなく，金型およびプレス機械を含むシステムのグレードアップを図る必要がある（図 3.2 の A のカーブの金型および加工システムを B のカーブのように変える）。

3.2 破損および摩耗

3.2.1 破損および摩耗の一般的対策

パンチおよびダイの破損および摩耗対策の一般的事項としては，つぎのようなことがある。

（1） パンチ側面の面粗さ

パンチ側面は抜き方向に沿って研削することが望ましく，直角方向ではやすりのようになり摩耗がはげしい（図3.3参照）。

また放電加工機，およびワイヤ放電加工機での加工は表面に変質層があるため，ラッピングで除去することが望ましく，これはダイも同様である。

（2） クリアランスの均一さ

クリアランスに片寄りがあると，数の少ない場合はあまり変わらないが，数を多く抜くと確実に型寿命は短くなる。ときには抜き形状に合わせてクリアランスも変え，加工状態を直線部に合せることも行う。

（3） ダイの二番の逃し

ダイの二番の逃しが悪いと，かす詰りによりダイを破損する場合があるほか，抜き力も上昇し，パンチ，ダイを確実にいためる。

切刃のランド部（ストレート部）が多いことと二番の逃し不良は抜き加工における諸悪の根元である（図3.4）。

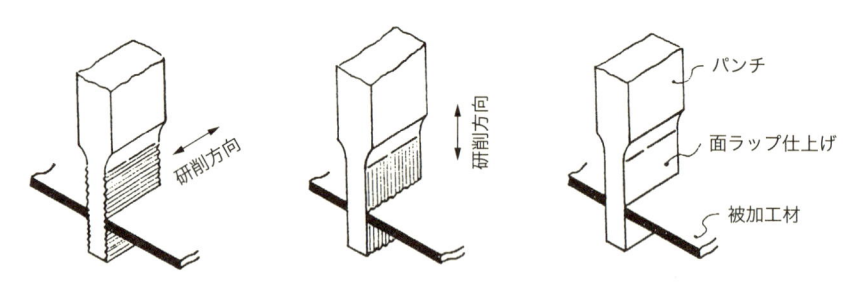

図3.3 仕上げ面と磨耗への影響

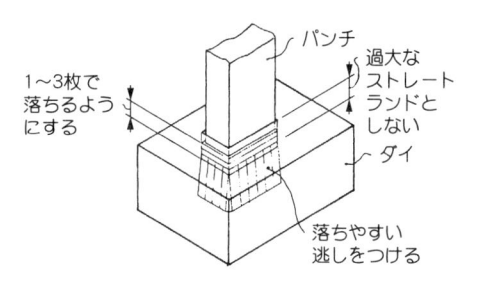

図3.4 ストレートランドと二番の逃し

（4） 発熱対策

抜き加工での刃先部は，加工条件によって異なるが，瞬間的に数百度まで加工熱で上昇する。これが刃先の摩耗と焼付きを促進する。

対策としては，冷却効果の高い抜き用加工油（水溶性加工油など）を用い，可動ストリッパの後方から給油をする，クリアランスを大きめにする，ダイのストレートランドを短くする，パンチおよびダイの切刃部の面粗さをよくするなどのほか，超硬合金の利用が効果的である。

超硬合金は熱伝導性がよく，面粗さをよく仕上げることができるほか，摩耗が少ないため再研削量を少なくし，ストレートランドを小さくできる。

高速加工で用いる順送り型の発熱状況はスクラップをつかんでみればわかる。暖かければ要注意，熱ければ危険な状態である。

（5） パンチガイドと金型の剛性

ストリッパでのパンチのガイドと，ストリッパをガイドするインナーガイドポストユニットの例を（図3.5）に示す。

ガイドポスト・ブシュのすき間が大きいとガイドの役割が不完全であり，狭すぎると油膜がきれて焼付きを起こしやすい。

（6） プレスの精度

プレス機械はJISで決められた静的精度とともに，動的精度（垂直方向および水平方向とも）が重要であり，これが悪いとパンチおよびダイの寿命を短くする。このため型寿命を延ばし，破損を防止するには，動的精度の高いプレス機械が不可欠である（図3.6参照）。

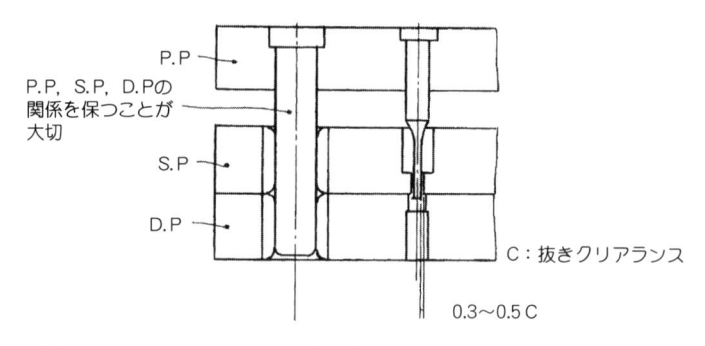

図3.5 ストリッパによるパンチガイドとガイドポストユニット

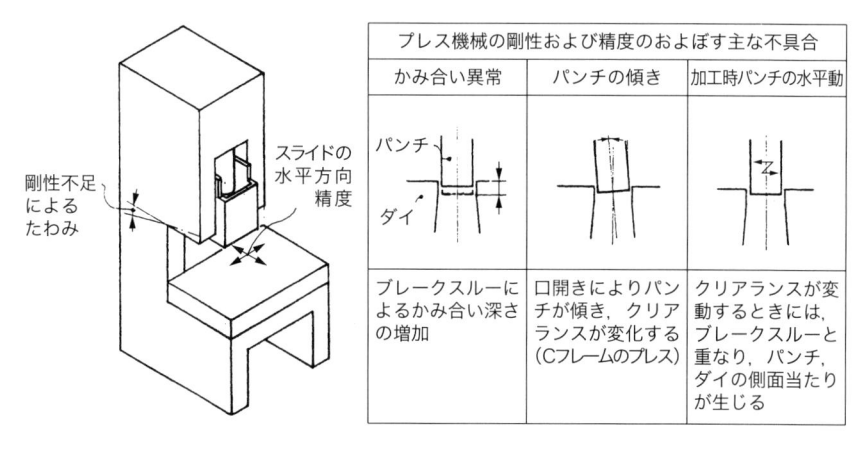

図3.6 プレス機械の剛性と動的精度の影響

3.2.2 パンチの破損と摩耗

　パンチの破損と摩耗のうち，パンチが主原因で生じる現象を（表3.1）に示す。
　このうち主なものについて述べる。
　（1）　座くつ・曲がり
　パンチに加わる力が大きく，圧縮されて生じる。対策としては硬度を高めるほか，刃先部を短くし，段階的に太くするとよい（図3.7参照）。
　曲がりも同様であり，偏心などの側圧防止と合わせて上記の対策が有効であ

3.2 破損および摩耗

表3.1 抜き加工におけるパンチの損傷形態

(パンチが原因となるもの)

分類		形 態	適 用	原 因
損傷	塑性変形	座くつ	○工具の使用により加わる圧力方向に対して直角方向に生じた変形およびふくらみをいう。	○工具にかかる応力が高すぎる。 ○工具材質の不適(硬さ不足)。
		曲がり	○長手方向の真直度差をいう。	○ダイとパンチの偏心。 ○工具材質の不適。
	摩耗	端面	○工具の使用により漸進的な損傷をいう。 ○一般に工具の外径・端面およびコーナー部に区分する。	○工具材質の不適。 ○熱処理条件の不適。 ○仕上面の不良。
		外径		
	欠傷	チッピング	○工具の使用により切刃部分に生じた細かい欠けをいう。	○工具材質の不適。 ○熱処理条件の不適。
		欠損	○工具に生じた比較的大きい損傷をいう。	同 上
		はく離	○工具の円筒面または平面に生じた鱗状の比較的薄い損傷をいう。	同 上
		破損	○工具の使用またはその他の理由による過半にわたる損傷をいう。	○設計不良。 ○加工不良。
		亀裂	○工具の使用またはその他の理由による裂けまたは割れをいう。	○材料欠陥。 ○研削技術。 ○寿命(疲労限界)。
		引きちぎり	○工具の使用中抜き勝手に生じた伸び・ちぎれ損傷をいう。	○工具材質の不適。 ○潤滑不足。
		焼付き	○工具と加工物との親和性などの理由により工具と加工物が溶着する状態。	○工具材質の不適。 ○潤滑不足。 ○仕上げ面不良。
		疲労破壊	○繰り返し使用による寿命的な損傷をいう。	○寿命。 ○工具材質の不適。
		粉砕	○工具などが不適正状態にあったため,工具が多数に破損した状態をいう。	○設計不良。 ○熱処理条件の不適。

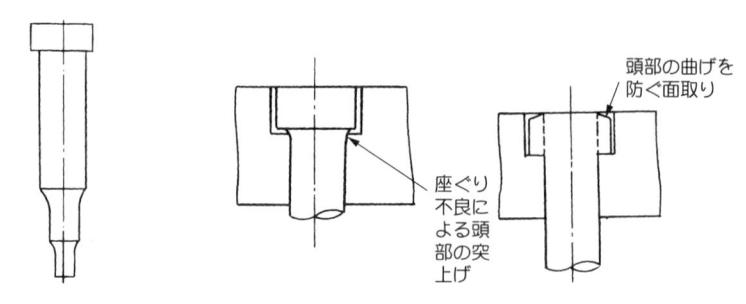

図3.7　座くつ防止のための
　　　　パンチ形状例

図3.8　頭部の破損防止

る。

（2）　チッピングおよび欠損

刃先エッジ部が小さく欠落する。型材質は被加工材に適したものを用い，正しい熱処理をするほか，研削または放電加工などの加工条件と面粗さに注意する。

（3）　頭部の破損

頭部がとれるのは，軸の部分で押されてこの部分に曲げ力が働くことと，ストリップ時に引っ張られることの繰り返しのためである。

対策としては，頭部の座ぐり部と頭部に上下のすき間のないこと，座ぐり部に面取りをすること，頭部の周辺を逃すこと，などが効果的である（図3.8参照）。

このうち，とくに重要なのは面取りであり，これがまずいと，頭部が折損することが多い。

（4）　亀裂

軸方向に対して縦に割れる現象であり，熱処理の不具合のほか，繰返し加圧することによる金属の疲労が考えられる。

対策としては，これらの欠陥のないようにすることと，クリアランスの大きさ，二番の逃し，面粗さの向上，潤滑など打抜き力と摩擦力の低減が効果的である。

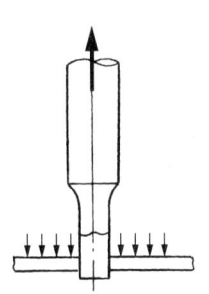

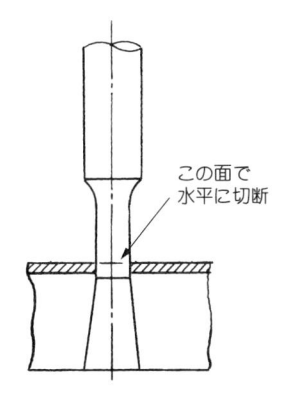

図3.9　ストリップ時の引きちぎり　　図3.10　疲労によるパンチの切断

（5）　引きちぎり

抜き後材料にくいつき，引きちぎられるために生じる（図3.9参照）。

対策としては，ストリップ力の低減が効果的であり，クリアランスを大きくする，パンチ側面の面粗さをよくする，潤滑をよくする，被加工材と親和性の少ない型材質を用いる，耐焼付き性の高い表面処理をする，などが考えられる。

（6）　疲労破壊

パンチと材料は1回の抜きで往復2回摩擦する。これを数多く繰り返すと，境目で真横にきれいに切断する（図3.10参照）。このためパンチが破損したのに気がつかず，穴のないことでわかることがある。

対策としては，じん性の高い材料を使用する，パンチを必要以上に深く入れない，などのほか摩擦を軽減することが望ましい。

3.2.3　ダイの破損と摩耗

ダイの破損と摩耗の代表的な例について，その原因と対策例をつぎに示す。

（1）　一体型のダイが割れる（図3.11参照）

一体型が割れる原因と対策は，つぎの事項が考えられる。

① 熱処理不良

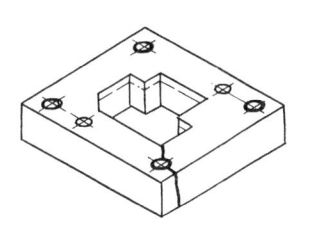

図3.11　一体型の割れ

焼入れ温度の不適当，焼戻し不完全など。対策は熱処理の改善であり，サブゼロが効果的である。

② ダイ穴のコーナー部と止めねじの穴などが接近している

対策としては型設計段階で止めねじなどの穴の位置を配慮する。

③ ダイおよびダイホルダの厚さが薄い

どちらかのプレートを厚めにする。

④ スペーサー

離れた位置にスペーサを入れたため，金型が曲げられる（図3.12参照）。

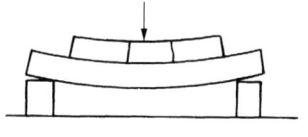

対策としてはボルスタで直接受ける。サブプレートで全面を受けるなどが必要である。

図3.12 スペーサー使用の誤りによる割れ

（2）ダイの凸部が割れる（図3.13参照）

ダイの凸部が割れて脱落するのは，凸部の元の部分に大きな曲げの力が働くためであり，図3.14(a)の ℓ と w の比が大きいほど発生しやすい。

この対策としては，金型構造を総抜き形式としてバッキングプレートで受ける，凸部をインサート形式にする，工程を分割する，などが必要である（図3.14(b)参照）。

（3）ダイの部分的な破損および摩耗のそのほかの例

ダイの部分的な破損と摩耗としては，上記のほか部分的な欠け，刃先のだれ，ダイ側面の焼付き，部分的な摩耗などがある（図3.15参照）。

これらは基本的な欠陥が部分的に表われたと考えられ，クリアランスの均一

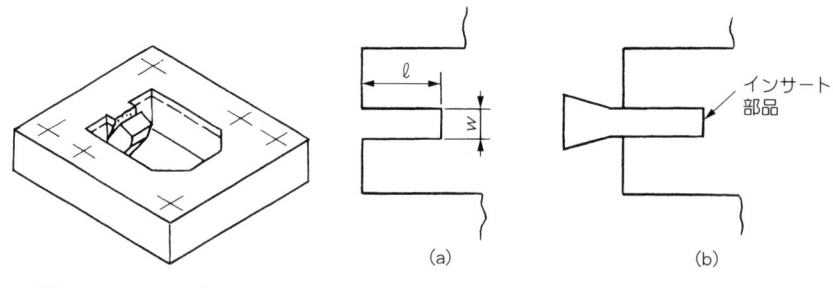

図3.13 ダイ凸部の割れ

図3.14 ダイ凸部の割れ対策

部分的な欠損　　　　　　　　　部分的ななだれ

部分的な焼付き　　　　　　　　部分的な摩耗

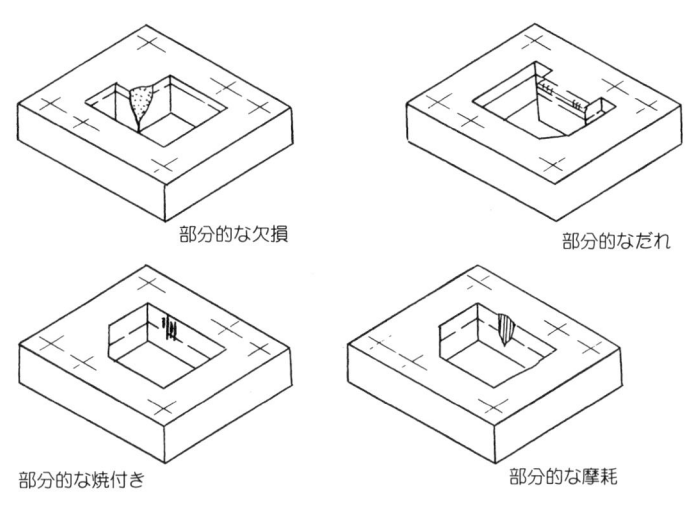

図 3.15　ダイの破損および磨耗のその他の例

化，プレス機械の精度，金型の加工精度と熱処理，二番の逃し，送りミス，そのほかの加工不良などを基本に返って調べ直すとよい。

3.3　かす浮き（かす上がり）

3.3.1　かす浮きのメカニズム

抜き加工の対策でもっともむずかしいものにかす浮き対策があり，かす浮きに万能で決定的な対策はなく，状況に合せた対応が求められる。

抜いたブランク，または穴のスクラップが浮き上がると自動加工は困難であり，とくに順送り型，トランスファ型，そのほかの自動化用金型では注意を要する。

かす浮き対策を行うには，なぜかす浮きが起こるかというメカニズムの解明が必要である。

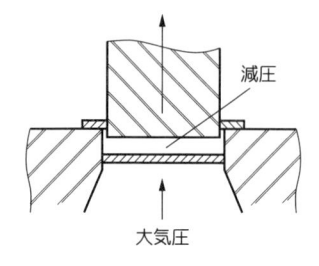

図3.16　吸引が原因のかす浮き

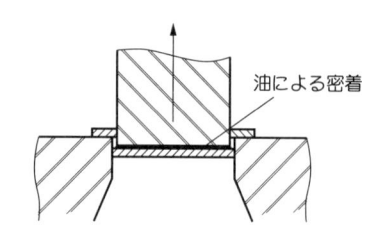

図3.17　油による密着が原因のかす浮き

（1）吸引作用

　抜き加工を終り，ダイの中へ入っていたパンチが上昇するとき，密着していた材料とパンチの間に空間ができ，この部分が減圧し，パンチに吸い上げられるように浮く（図3.16）。

　この現象では，抜きかすがダイ面と同一面で停まっていることが多く，抜きかすをさわると，簡単に落ちるので判りやすい。加工spmが高いほどよく現れる。

（2）油による密着

　粘性の高い加工油が多いと，パンチの投影面と抜きかすの面が油で密着し，パンチが上昇するときに抜きかすを密着させたまま上昇する（図3.17参照）。

　対策としては加工油の粘性を下げ，量を少なくするほか，パンチと抜きかす（またはブランク）との接触面積を少なくすることが考えられる。

（3）圧接

　パンチで抜くと，抜き部に近い接触面は高い圧力で押しつけられ，お互いの材料が密着して圧接状態となり，抜きかすとパンチは強固に密着する（図3.18参照）。

（4）磁力による吸引

　パンチの刃先が磁力を帯び，鋼板などの磁性材の細かい抜きかすを吸い付ける。パンチが磁化される原因としては，金型

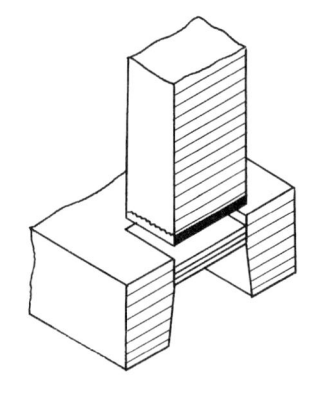

図3.18　圧接によるパンチへの密着

3.3 かす浮き（かす上がり）

内へのマグネットの組込み，刃先を研削したときの脱磁不完全，磁化された材料の使用，打抜き加工中の摩擦，マグネット工具の使用などが考えられる。

3.3.2 具体的対策

以下に目的別の対策を示す。すべてのかす上がりに有効な対策はないと考えて，複数の対策が利用できるものは採用して確実性を高める。

（1）着磁対策
パンチ再研削後の脱磁器による十分な脱磁を行う。
（2）圧着対策
早め（異常摩耗域に達する前）のパンチの再研削。
（3）丸穴のかす浮き対策
丸形状の抜きは抜き条件が最もよいので，クリアランスを小さくしても異常抜けとはならない。それで，クリアランスを適正クリアランスより小さく設定してスクラップのせん断面長さを長くし，ダイとの摩擦力を高める。
（4）吸引対策
パンチの戻り行程で，ダイ内空間が減圧してスクラップを吸い上げる対策としては，外部からの空気の流れ込みがあればよいので，パンチに空気穴を設けてパンチの戻り行程で外部から空気穴を通じて空気を呼び込むようにする（図3.19）。
（5）密着対策
① 材料への加工油の塗布はダイ側に多くし，パンチ側は少なくする。油に

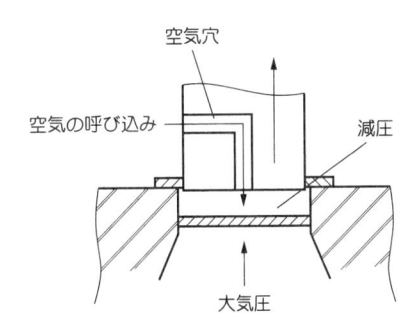

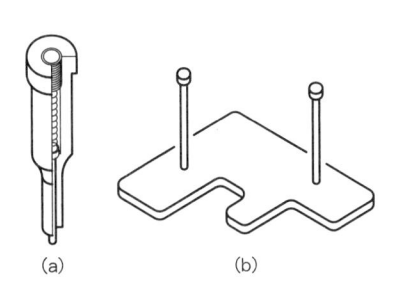

図 3.19 空気呼び込み穴   図 3.20 キッカーピンによるかす浮き対策

よるパンチと材料との密着を低減するためである。

② キッカーピンをパンチに組み込む。円形や方形のパンチ形状では中心位置を押す。異形状や切り欠き，分断形状では複数組込み，スクラップが平衡を保ちながら押し下げられるようにする。

キッカーピンはパンチとスクラップの密着を外してダイ内に置いてくればよいので，パンチ面より1～2mm出ていればよい（図3.20）。

細いキッカーを純アルミのような軟質材に適用すると，キッカーが材料に刺さって持ち上がってしまうこともあるので注意する。

（6）スクラップとダイとの摩擦力強化策

① 穴抜きパンチの刃先にキズをつける。キズをつけた部分のせん断面が大きくなり，ダイへの食い付きが強くなる（図3.21）。

② ダイのストレートランド（平行部）の面を放電皮膜などで荒らす（図3.22）。

③ ダイの切れ刃部に微小なRまたは面取りを行う。ねらいとしては破断のタイミングを遅らせて，せん断面を長くする目的。

④ ダイの切れ刃に部分的に微小面取りを行う（複数箇所）。部分的に切れ刃の抜け状態を変えることで食い付きを強くする。

⑤ ダイのストレートランド部に斜め溝を入れる。ダイ形状（斜め溝部が凸になる）に抜かれたスクラップが真っ直ぐに落ちることで，斜め溝を乗り越える形となり，ダイとの食い付きが強化される（図3.23）。

⑥ ダイ形状を工夫し，スクラップが強制的に食い付くようにする（図3.24）。

⑦ パンチ先端を山形にして（鈍角で抜く形となる），せん断面を長くしてダイとの食い付きをよくする（図3.25）。

⑧ パンチにシヤー角をつけ，スプリングバック力でダイとの食い付きをよくする（図3.26）。

⑨ 抜き形状を意識的に複雑にして，ダイとの食い付きをよくする。

⑩ シェービングのような細いスクラップは単独のスクラップとせず，ほかの部品とつなぐようにして処理する。

3.3 かす浮き（かす上がり）

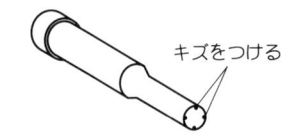

図 3.21 パンチにキズをつける

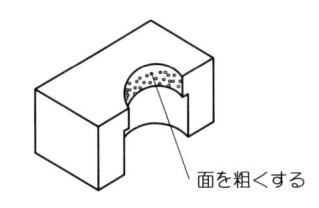

図 3.22 ダイの面を粗くする

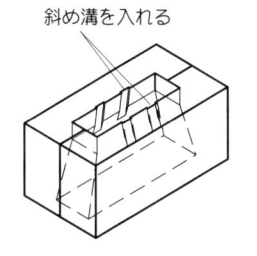

図 3.23 ダイの斜め溝による
かす浮き対策

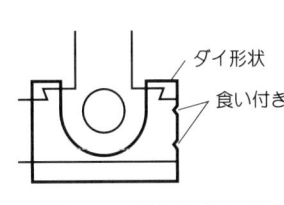

図 3.24 強制的な対策

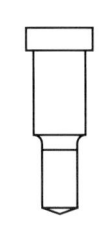

図 3.25 パンチ先端
を山形にする

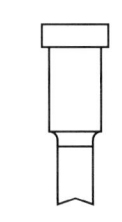

図 3.26 パンチシヤー
角をつける

（7） ダイ内のスクラップ通過を速くしての対策

① ダイ下より吸引する。吸引機などを用いて強制的に吸引する。

② ダイ穴に圧縮空気を流して吸引する。ダイ穴に斜め穴を加工して，その穴より圧縮空気を流すことで減圧し吸引する。吸引効果と圧縮空気による吹き飛ばしの両方が期待できる（図 3.27）。

③ パンチ側より圧縮空気を吹き，ダイ内のスクラップを飛ばす（図 3.28）。

④ ダイのストレートランドを短くして，1枚ごとにスクラップを落とすようにする。

（8） シェービングのかす浮き防止

シェービングの切りかすは，浮き上りやすく，これが原因で自動化ができないことも多い。とりあえずの改善策としてはエアを吹き込む，パンチ先端に逃

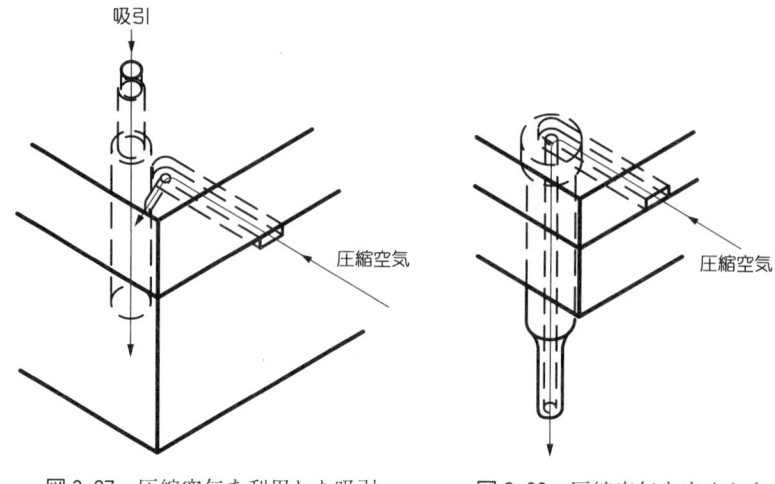

図3.27 圧縮空気を利用した吸引　　図3.28 圧縮空気を吹くかす

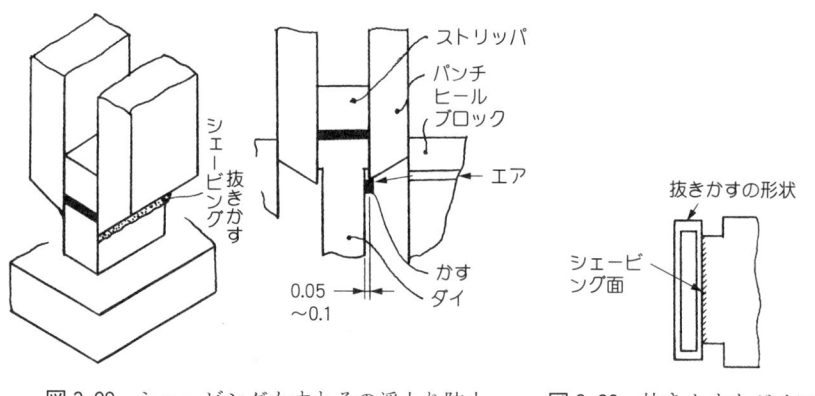

図3.29 シェービングかすとその浮上り防止　　図3.30 抜きかすをダイに拘束する形状例

げ角をつける，などが考えられる（図3.29参照）。

　さらに根本的な対策としては，シェービング部だけでなく，その他の部分とつないで抜きかすがダイに拘束されるようにするとよい（図3.30参照）。

3.4 かす詰り

3.4.1 かす詰りのメカニズム

　かす詰りは，かす浮きに比べてはるかに対策は容易であるが，実際には金型が破損してかす詰りに気付くことが多い。パンチやダイの破損に至らなくても，かす詰り現象のために金型の寿命をいちじるしく短くしている例は非常に多い。
　かす詰りは，大きく分けてダイの中（主として二番の逃し）と，それ以下のバッキングプレート，ダイホルダ，プレス機械のボルスタなどの穴の中で詰る場合がある。
　ダイの中でのかす詰りは主として抜かれた抜きかす，またはブランクが圧縮され横方向へ張り出すことによって起こる。
　横方向へ張り出す力は，反りがあるもの，前に抜かれた材料との間でたたかれる力の大きなものほど大きくなる。摩擦の増加により，ダイとの焼付きを起して型の破損となる。焼付きは，材料とダイ材質の親和性により発生を早めることもある。
　原因が金型にある場合のかす詰りのメカニズムを図 3.31 に示す。
　かす詰り状態かどうかの判断はつぎのことでわかる。
① 抜きかすがバラバラでなく，つながった状態で出てくる。
② 抜きかすをつかむと熱い。
③ パンチの破損が多い。

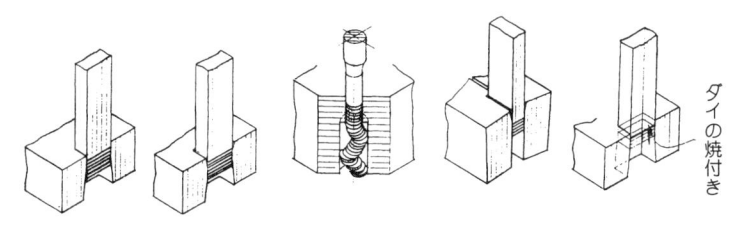

　　摩擦力　　口元の摩耗　　逃し穴の形状　　割ブロックの開き　　焼付き
図 3.31　金型の不具合によるかす詰りのメカニズム

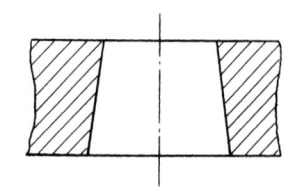

図3.32　抜き加工から考えたダイの理想的な形状

④ 抜き音が通常時より高い。
⑤ 破断面が少なく，せん断面が多い。
⑥ バリが高い。
⑦ ダイが割れる。
⑧ 抜きかすをたたいて落とそうとしてもハンマがはずんでしまう。

　理想的な抜き用ダイの刃先形状は，切削用刃物と同じようにストレートランドがなく，刃先から直接大きめの二番の逃しがついているものがよい（図3.32参照）。

　しかしこれでは，刃先を再研削して使用するとダイ寸法が大きくなるため，再研削しろとしてストレートランドをつけている。再研削の回数を多くしようとしてストレートランドを長くすると，かす詰まりにより型の寿命が短くなり，さらに再研削回数を増やすという悪循環を繰り返すことになる。

　多量生産用の金型としては型寿命を長くし，再研削の回数を少なくすることに重点をおき，ストレートランドは短めにし，型材質を耐摩性の高いものにかえるべきである。

3.4.2　具体的対策

　かす詰まり対策も複数の対策が使えるときには採用して信頼性を高める。
（1）　焼付き対策
① ダイのストレートランドを短くする。ダイ内にスクラップが2～3枚程度が留まっているような長さにする。
② 加工油での油膜形成。材料とダイ側面が直接接触することが焼付きの原因となるので，材料とダイ側面の面粗度をよくする。

3.4 かす詰り

③ ダイのストレートランド部の面粗度をよくする。摩擦の低減。

④ ダイの二番の逃がしを大きくする。摩擦の低減。

⑤ 親和性を考慮した材質を選ぶ。パーマロイのようなニッケル系の合金とハイス鋼，銅系合金と超硬合金のコバルトなどの取り合わせのとき親和性が高く，焼付きやすいことが知られている。

⑥ 刃先の早めの研削。ダイ刃先が摩耗することで広がり，テーパ状になった状態で抜くことで，かすが詰まりやすくなる。

（2） スクラップの詰まり対策

① 逃がし穴をテーパにする。ストレートランド下の逃がし穴を 1〜2 度のテーパ穴として，落下スクラップの姿勢が崩れないようにする（図 3.33）。

② 逃がし穴を段々にする。逃がし穴をドリルで少しずつ大きくして段々状の穴として，落下スクラップの姿勢の崩れを防止する（図 3.34）。

③ 逃がし穴を穴径＋1 mm 以下とする。テーパ逃がしと同じ目的。穴径の 2〜3 倍程度の逃がし穴が最もかす詰まりを起こしやすい（図 3.35）。

④ 逃がし穴を極端に大きくする。落下スクラップが，どのような姿勢となってもスクラップが引っかからない大きさとする（図 3.36）。

⑤ 逃がし穴をあまり長くしない。テーパや径を大きくしない逃がし穴などでもこの部分が長すぎると，落下スクラップが傾いて引っかかり詰まることがある。あまり長くしないことである。例えば，径 1 mm，板厚 0.8 mm 程度のスクラップでの，この部分の長さは 15 mm 以下が望ましい（図 3.37）。

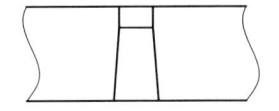

図 3.33　逃がし穴をテーパにする

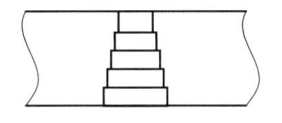

図 3.34　逃がし穴を段々にする

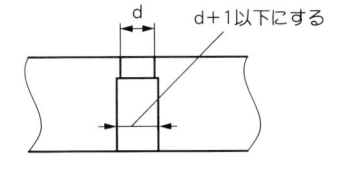

図 3.35　逃がし穴を小さくする

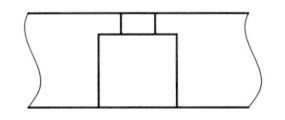

図 3.36　逃がし穴を大きくする

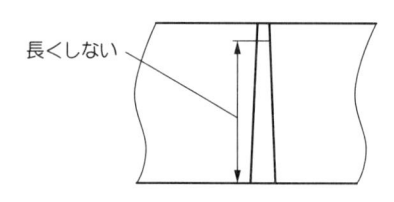

図 3.37　逃がし穴をあまり長くしない

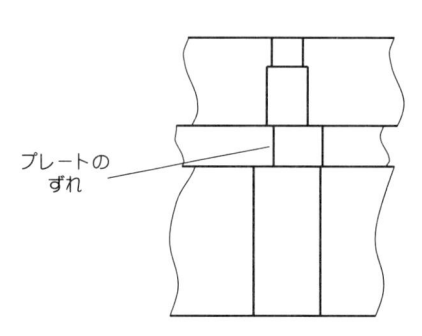

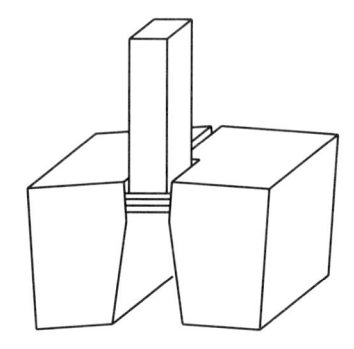

図 3.38　通過穴の芯ズレがない　　図 3.39　割ブロックの開き防止

⑥ スクラップの大きさ制限。長いスクラップは逃がし穴やダイ下のスペーサーで作られた空間に斜めに引っかかり詰まりやすい。斜め引っかかりが起きない大きさにスクラップ形状を制限する。

⑦ プレート間のスクラップ通過穴の芯ずれ。ダイプレートとダイバッキングプレートにあけられたスクラップ通過穴が芯ずれで段差ができ，その段差部分に通過スクラップが引っかかり詰まらないようにすることである（図 3.38）。

⑧ 入れ子部品の開き防止対策（図 3.39）。プレート穴に複数の入れ子（インサート部品）を組み込んでダイ形状を作っている構造では，抜きの側方力で入れ子が開き，口元が広い，スクラップ通過方向が狭い状態となり，詰まることがある。

対策は以下のようなことが考えられる。
・入れ子の圧入力を大きくする。
・入れ子の数を少なくする。
・入れ子の面積に対する高さを大きくする。

・入れ子の組み方を工夫する。
　⑨　ダイ下のシュートに振動を与える。ダイ下のシュート上を滑らせてスクラップを回収する方法では，何らかの方法でシュートに振動を与え，シュート上のスクラップの停滞をなくす。
　⑩　ダイ下のシュート上を圧縮空気で吹く。シュートに振動を与えるのと同じ目的。間欠的に吹くのが効果的（ただし，笛吹き音に注意）。
（3）　ダイ内のスクラップの処理を速くする
　①　スクラップを1枚ずつ落とせるようにして，吸引する。
　②　吸引を助けるため呼び込み穴をつける。ダイ下からの吸引に対して空気の流れを作ることで，効果を高めるねらい。パンチまたはダイに空気呼び込み穴を設ける。
　③　パンチにキッカーピンをつけ，確実に落とす。かす浮き対策では置いてくることが目的であったが，かす詰まり対策では確実に落とすことが目的なので，パンチ面よりのキッカーピンの出ている長さは長くする。

3.5　抜き加工の後処理

3.5.1　後処理の活用

　プレス加工によって作られた部品は，加工の性質上つぎのような欠点を持っている。
　①　バリが生じる。
　②　せん断切口面にだれや破断面を生じる。
　③　反り，ねじれを生じやすい。
　④　残留応力，加工硬化を生じる。
　これらの対策としてプレス加工の精度を向上し，品質管理を徹底することが行われており，多くの成果を上げている。しかし，それ以上に要求品質も高まっており，「これでよい」ということにはならない。

今後ますます高精度化するなかで，プレス加工のみで完了しようとすると金型製作および保守整備，加工中の調整などに多くの負担がかかるため，他の加工法を組み合わせるとプレス加工の生産性が飛躍的に向上し，合せて品質も一層向上する。とくに高精度な部品のバリ対策は，プレス加工と合せて後処理でのバレル仕上げが必須の条件になっている例も多い。

3.5.2 バリ取りとせん断切り口面の改良

プレス加工後の製品のバリ取り方法の例を表3.2に示す。この中で実際に用いられて効果的なのは，中・小物部品ではバレル研磨である（図3.40）。これは単にバリ取りだけでなく，せん断切り口面にRをつける（図3.41）。磨き効果による表面のつや出しなどと合せて，異物，汚れ，錆などの除去などの効果があるためである。

しかしバレル研磨の技術は，奥が深く上手に用いれば効果が大きい反面，下手に用いるとバリが取れずにつぶすだけとなったり，変形や部品のからみつきなどのトラブルが生じる。プレス加工技術と合せてバレル研磨の技術が部品加工には欠かせない技術になっている。

バレル研磨その他によるバリ取りによりプレス加工のバリの程度を緩め，金型の再研削の間隔を伸ばすことができればプレス加工と金型寿命に大きなプラスとなる。逆にバレル研磨に頼りすぎると，このためのコストが多くかかる。このための管理基準と作業標準の作成が欠かせない。

ブラシ研削，ベルト研削，手作業によるバリ取りなどは処理能力が限られ，処理に要するコストも高くなりやすいためできるだけ避けたほうがよい。しかしNCタレットパンチプレスなどを用いる板金加工では専用型を省略できるため効果があり，利用される例が比較的多い。

3.5.3 反り，ねじれの修正

抜き加工後のブランクまたは製品に反り，ねじれなどが生じ，平坦度が規格から外れる場合がある。このような場合，素材をレベラに通して修正する方法が広く行われており，プレス加工段階で正しくすることができれば理想的であ

3.5 抜き加工の後処理

表 3.2 バリ取りの方法

種 類	バリ取りの方法および特徴	用 途	製 品 例
手作業による切削	砥石，電動工具，やすり等を用いて手作業でバリを取る。	比較的ラフな製品の部分的なバリ取り，生産性が低いため応急対策が中心。	自動車部品その他の部品。工具を変えることにより対応力あり。
機械による切削	ボール盤，フライス盤，旋盤などの工作機械または専用機を用いて切削を行う。	切削能力が大きいためバリ取りと合せて面取り，座ぐり，寸法決めなどを兼ねる例が多い。	時計，カメラ部品，シートベルト，金具，円筒容器の縁。
ブラシ研削	ワイヤブラシ，植物繊維またはこれに研摩材を塗布したものを高速で回転させる。	複雑形状の輪郭形状のバリ取りのほか，表面の磨き。	主として中・厚物の平板状の部品に適す。
ベルト研削	エンドレスの研削ベルトを回転させ，これにワークを当ててバリを取る。バリ取りの能力大。	短時間に大きなバリが取れるため，中・厚物の平板状部品または円筒状部品に適す。	ブランク抜き，穴あけ後の製品または円筒絞り製品。
バレル研摩	製品と研摩材（粒状または紛状）を混合し，これに回転または回転振動を与えて研摩する。	大部分の小物部品に適し，バリ取りのほか，せん断口面の改良，表面のつや出しなどに用いる。	時計，カメラ，電機・電子部品，自動車用小物部品ほか。
ショットブラスト	ガラスビーズ，研摩材などを圧縮空気と共に吹き付け，バリをとる。	他の方法では困難な複雑形状の内部バリに適し，硬い製品にも効果がある。	金型のコーナーバリの除去と表面の面粗さ向上。
化学的バリ取り	薬品を用いて金属の表面を溶かす作用を利用してバリをとる。	製品の形状にこだわらず，機械的な力を加えられない変形しやすい部品に適す。	鋼と合せて銅，アルミニウムなどの部品。

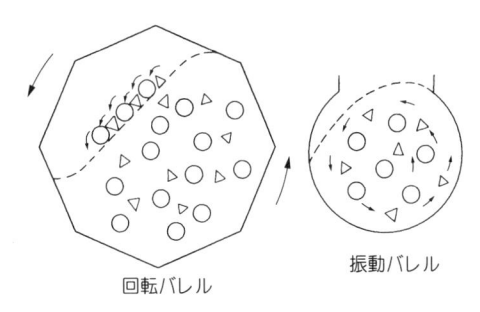

図 3.40 バレル研摩の原理（回転バレル，振動バレル）

図 3.41 バレルによるせん断切り口に R をつけた例

るが調整や金型の修正が多く，生産性が低下し，品質も要求品質を満たせない場合，打抜き後レベラを通すのが効果的である。

レベラは製品の板厚，修正後の精度，大きさなどによってさまざまなものがあるが，修正用のロールが多いほど一般に精度もよい。

3.5.4 熱処理による硬さの変更，その他

（1） 焼入れ

ばねとして使用する部品は，プレス加工前の素材の段階で焼入れをしてあると打抜きで金型の摩耗が激しく，曲げおよび成形などでスプリングバックが多い。このような場合はプレス加工後に焼入れを行う。

（2） 焼純し

残留応力または加工硬化が問題となる製品は，加工後に焼純しを行って安定させる。

（3） その他の調質

穴抜き，外形抜きの順送り型でワッシャなどを多数個取りで多量に抜く場合，材料が軟らかいと反りや変形を生じやすい。このような場合，打抜き時は材料を硬くしておき，加工後に熱処理をする方法がある。

第4章

曲げ加工品の不良対策

4.1 角度不良の原因と対策

4.1.1 スプリングバックの発生原因

　板状の材料を曲げるということは，板の断面の内側に圧縮応力を加え，外側に引張り応力を加えることである（図4.1参照）。このとき材料のある面（中立面）を境にして（この面をゼロとして），外表面に近づくほど応力は大きくなる（図4.2参照）。

　この応力に応じて引張り歪み（伸び）と圧縮歪み（縮み）を生じるが，これも外表面に近いほど大きくなる（図4.3参照）。

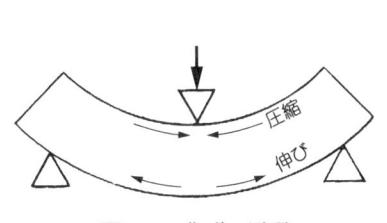

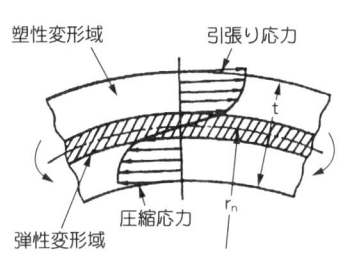

図4.1　曲げの原理　　　図4.2　曲げ加工での応力分布

第4章　曲げ加工品の不良対策

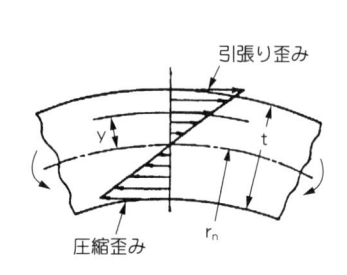

図4.3　曲げ加工での歪み（伸びおよび縮み）の分布

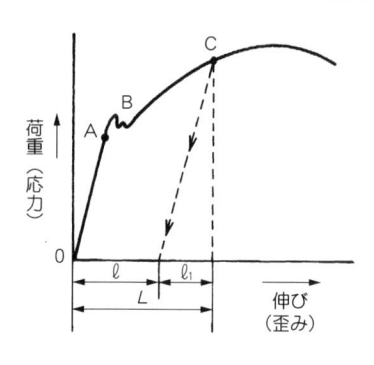

図4.4　荷重（応力）−伸び（歪み）線図

図4.4に，材料に引張り応力を加えたときの荷重（力）と伸び，または応力とひずみの関係を示す。この図は鋼の場合の例であるが，他の材料もほぼ似たような関係となる。この図において0〜A点までは弾性域と呼ばれ，荷重を除くと元に戻るが，これを弾性変形という。

さらに大きな荷重を加え，降伏点と呼ばれるB点を過ぎると塑性域となり，その後の変形は塑性変形として残る。たとえばC点では荷重がゼロになっても元に戻らない。

ただし，弾性変形の量だけは戻されるので，力を加えているときの形状とは一致しない（図4.4でLだけ伸ばされていたものがl_1だけ戻り，lの長さだけ伸びたままとなる）。

図4.5においてA点（a/l_1）よりもB点（b/l_2）のほうが変形に対して戻る割合は小さくなる。このことからつぎのようなことがいえる。

曲げ部の応力（引張りおよび圧縮）は大きいほどスプリングバックは小さくなる。

曲げ加工におけるスプリングバック対策

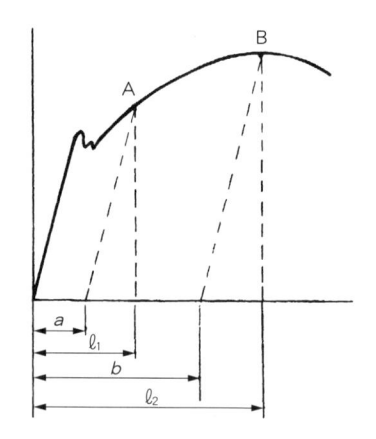

図4.5　荷重（応力）の大きさによる永久歪みの比率

は，この考え方を具体化したにすぎず，さまざまな応用例が考えられる。

4.1.2 スプリングバック対策

曲げ加工後，わずかに角度が戻る現象をスプリングバックと呼んでいるが，その対策の基本は曲げ部に大きな応力を加えることであり，それにはつぎのような方法が考えられる。

① 曲げ半径を小さくする。

② 曲げ部のみに荷重が集中するようにする。

曲げ半径を小さくすると，外側の引張り応力は大きくなり，スプリングバックは少なくなるが，引張り強さの限界を越えると割れを生じる。

曲げ部のみに荷重を集中するには平坦な部分を逃すことが考えられるが，図4.6はその応用である。

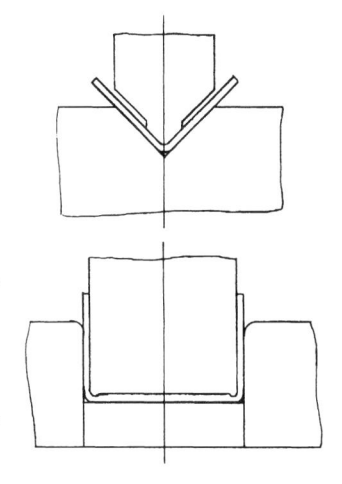

図4.6 曲げ部に応力を集中させる例

4.1.3 V曲げ過程

曲げ加工は，図4.7のように曲げ部だけが変形し，直線部はそのまま折り曲がるのではなく，さまざまに変形しながら曲げられる。

図4.8はV曲げ加工の変形過程である。(1)は板全体が曲げ部だけで変形し，直線部はそのまま折り曲げられた状態であり，(2)はダイのコーナー部で支えられていた材料がわん曲して中へ滑り込んだ状態である。さらにパンチが下降すると，パンチのコーナー部に当たり（図4.8(3)），ここで反り

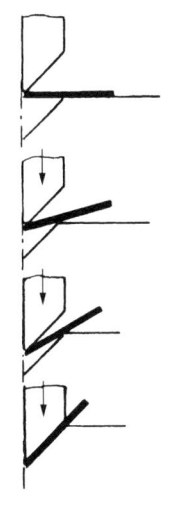

図4.7 直線部は変化しない理論上の曲げ

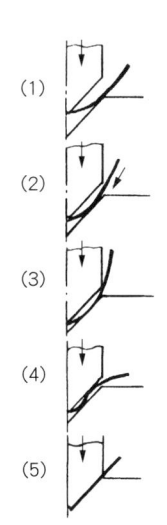

図4.8 V曲げの実際の加工過程

返ってダイ側に曲げられ，波状になり（図4.8(4)），この波の高さが低くなりながら最後は面押しされる（図4.8(5)参照）。

このような現象は，材料の材質および板厚，パンチおよびダイの形状と寸法（主としてダイの溝幅とパンチの幅）によって一様ではなく，これが断面方向の反りとなって現れる。

U曲げも似たような状態で曲げられるが，クッションパットの有無によって条件が大きく異なる。

4.2 割れ不良の原因と対策

4.2.1 圧延方向（繊維方向）と割れ

同じ材料を同じ金型で曲げても材料の圧延方向との関係で割れの状況が変わる。もっとも割れにくいのは，圧延方向と曲げ線が直角になっているとき（図4.9(a)）であり，圧延方向と曲げ線が平行になるとき（図4.9(b)）がもっとも弱い。

材料との圧延方向の影響は，材質によって異なり，ばねに使用するリン青銅などは非常にはっきり現われる。

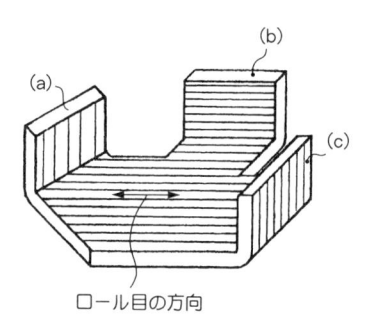

図4.9 ロール目と曲げ方向

一般の鋼板（SPCCなど）は比較的影響が少ないのであまり意識せず，レイアウトの容易さや材料歩留りを優先したほうがよい。

4.2.2 曲げ半径の限界

材料が耐えられる以上の力で引っ張ると，弱い部分が局部的に大きく伸び，そこから破断する。これと同じ現象が曲げ部の表面で生じると割れが発生する。

曲げの外側の表面に生じる引張り応力が材料の耐えられる限界を越えると局

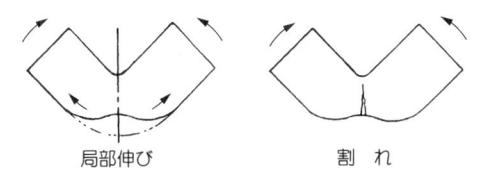

図4.10 小さな曲げ半径で曲げた場合の局部伸びと割れ

部的に薄くなり，ついには破断する（図4.10参照）。

　曲げ部の引張り応力は，板厚に対し曲げ半径（内側の半径）が小さいほど大きくなる。著しい局部伸びや，割れが生じないで曲げることのできる内側の半径を最小曲げ半径といい，この値は材質および板厚や曲げ線と圧延方向との関係によっても異なる。

　一般にもろい材料や硬い材料は割れやすく，最小曲げ半径は大きくなる。

4.2.3 バリ方向と割れ

　曲げ部分のバリ方向は割れに大きく影響する。とくに厚板の曲げ，熱間圧延鋼板などではその差がはっきり現われる。割れにくいのはバリを内側に，だれを外側にしたときである（図4.11参照）。

　対策としては，バリ方向を内側になるよう部品設計と加工工程を考えるのがよく，上下方向に曲げがある場合はバリ方向を変えて抜くことを考えるとよい（図4.12参照）。

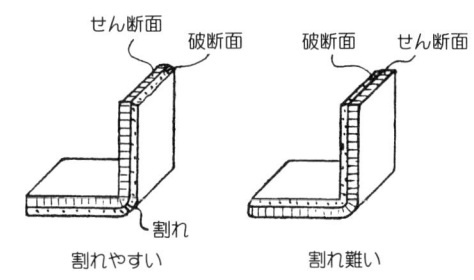

図4.11 バリ方向と曲げ方向

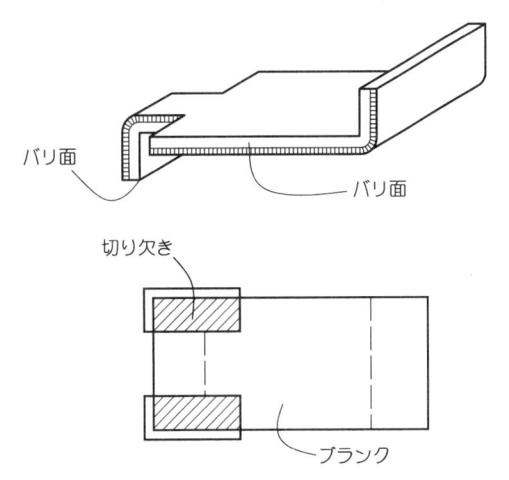

図4.12 上下曲げとバリ面の関係

4.3 曲げ部に近接する部分の変形

4.3.1 材料の圧縮による幅方向の変化（曲げ部のふくれ）

材料の曲げ部で内側は圧縮され，外側は伸ばされるが，これは断面での話であり，曲げ線方向では内側の圧縮された材料が余り，これが横方向へ逃げて材料の幅方向にプラスする。逆に外側は引っ張られて材料が不足し，幅方向に縮む（図4.13参照）。

また外側では，材料が伸ばされて板厚が減少する。幅方向および板厚の変化を（図4.14）に示すが，曲げ部の幅がプラスしてはまずい場合は，ブランク抜きでマイナスさせておく必要がある（図4.15参照）。

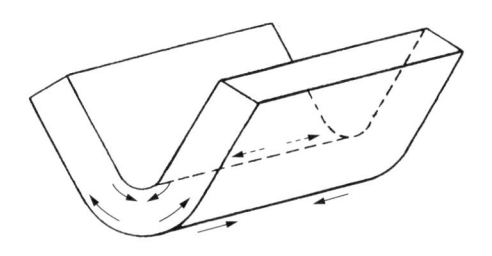

図4.13 材料の長手方向へ働く応力

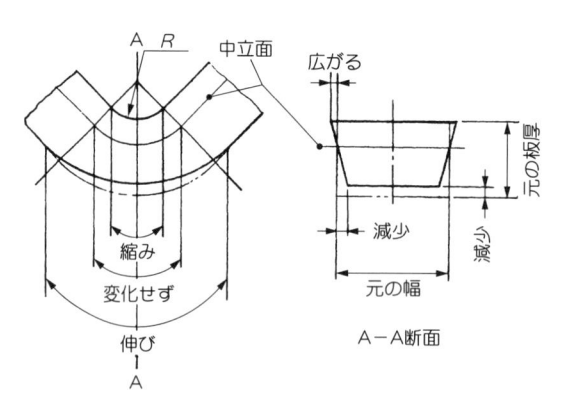

図4.14 幅および板厚の変化

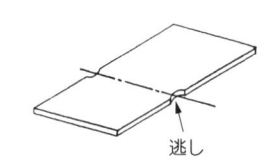

図4.15 曲げ部の幅方向のプラスを避けるための逃し

4.3.2　曲げ限界による変形

　曲げ内部では，圧縮が曲げ外側では引っ張りによる伸びが生じている。このことによって，フランジ高さ（H）が低くなると，曲げフランジの端部は外側では引かれて下がり，内側では圧縮された材料が押し出されて高くなり傾斜する。それとともにフランジ部の板厚が減少して曲げ角度が開いた形となる。このような変形を起こす高さを，曲げの加工限界と呼んでいる。加工限界高さ（H）は，曲げ半径＋板厚の2倍が目安とされている。曲げ部に近接した穴も同様の変化が生じる（図4.16）。

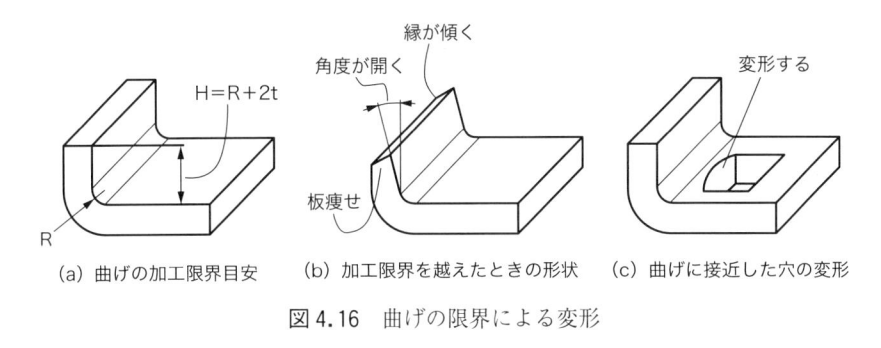

(a) 曲げの加工限界目安　　(b) 加工限界を越えたときの形状　　(c) 曲げに接近した穴の変形

図4.16　曲げの限界による変形

4.3.3　引っ張りによる変形（狭い幅の曲げ）

　曲げ幅が狭くなると，曲げによって板厚方向の変形と幅方向の変形を同時に受ける。このことによって曲げ部は弱くなり，時には割れが発生する。曲げ幅が板厚の8倍以下になると，この現象は出やすい（図4.17）。

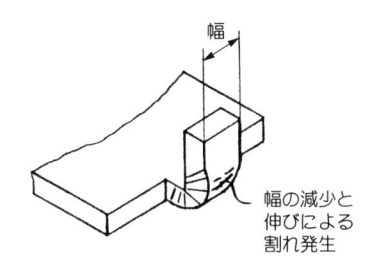

図4.17　幅の狭い曲げ部の変形と割れ

4.4　V曲げ加工

4.4.1　角度不良

V曲げ加工の角度不良は，一般に開くスプリングバックだけと思われがちであるが，条件によっては閉じるスプリングゴー（閉じる現象もスプリングバックであるが，開くことに対する現場での呼び方）も生じる（図4.18参照）。

曲げ加工において，曲げ部に加わる力が弱いと弾性変形によって戻る場合が多い。しかし，V曲げ加工の工程は図4.8に述べたように複雑であり，図4.8(3)または(4)の位置では逆に角度がマイナスする（マイナスのスプリングバック）。

加圧力（ストローク）と曲げ角度の関係を（図4.19）に示す。これを見ても大きな加圧力で底突きすることが正しい角度に安定させる有効な手段であることがわかる。

一般的なスプリングバック対策の例を（図4.20）に示す。スプリングゴーは，ストロークの位置が図4.8の(3)または(4)状況ではなく，底突きをして生じている場合は図4.20のパンチ角度のマイナス，パンチ幅がダイの溝幅より狭く直線部が内側へわん曲していることが考えられる。

ダイの溝幅は板厚の8倍を標準とし，パンチの幅はこれに等しくすることが基本である（図4.21参照）。

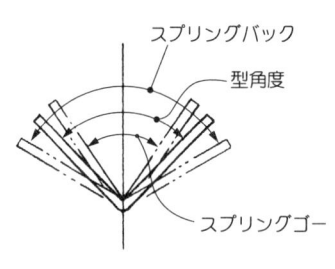

図4.18　スプリングバックとスプリングゴー

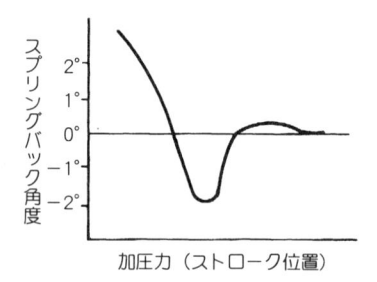

図4.19　加圧力（ストローク位置）とスプリングバックの関係

4.4 V曲げ加工

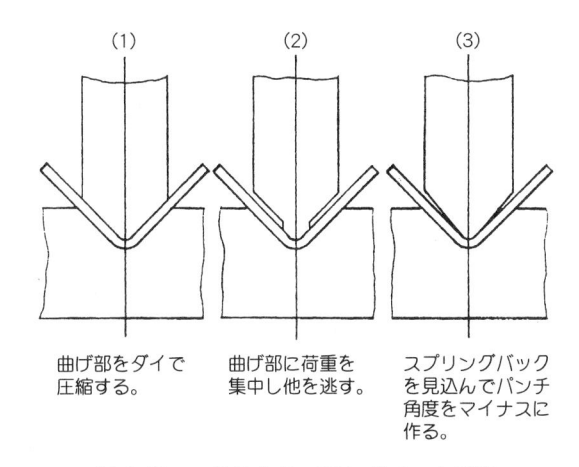

(1)	(2)	(3)
曲げ部をダイで圧縮する。	曲げ部に荷重を集中し他を逃す。	スプリングバックを見込んでパンチ角度をマイナスに作る。

図4.20　一般的なスプリングバック対策

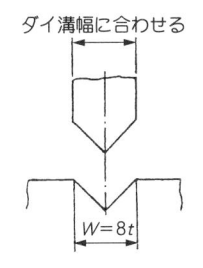

図4.21　ダイの溝幅とパンチの幅の基本（$W=8t$）

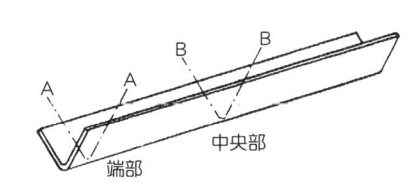

図4.22　長尺ものの曲げ角度のバラツキ

　長尺ものの曲げ角度が端部と中央部で異なる場合が多い（図4.22参照）。この原因としては，両端と中央部のスプリングバックの違い，プレス機械または金型の平行度不良，加圧力のバランスが中心と端部で異なる，金型が弾性変形する，ボルスタ穴またはスペーサの使用不適当などが考えられる。

　この対策として，パンチをいくつかに分けて部分的に高さを変えてバランスをとる，下型のダイホルダを厚くして剛性を高める，必ず下型の加圧部の下で圧力を受ける，ダイとダイホルダの間に薄いシムを入れてバランスをとる，などがあげられる。

　曲げ角度の精度を向上するには，加圧力だけでなく，押さえつける時間が必要であり，油圧プレスやサーボモータープレスでの加圧力の保持が効果的であ

り，高速プレスで spm を上げると角度の変化が大きくなる。

4.4.2　寸法不良

（1）　曲げ寸法がプラスする。

図 4.23 の製品の A，B ともプラスしているのはブランクが大きいためであり，ブランクの修正が必要であるが，曲げ内側の R を小さくすることで寸法をマイナスさせることができる。

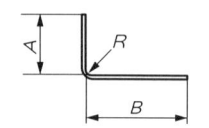

図 4.23　曲げ寸法例

A または B の一方が正寸で，一方がプラスしている場合は，ブランクの位置決めを調整してバランスをとる。たとえば一方が±0 で，他の一方が+0.2 の場合，バランスをとれば両方とも +0.1 になる。A，B 寸法ともマイナスする場合はこの逆で，バランスをとったうえで曲げパンチの R を大きくすればよい。

（2）　ブランクがずれて寸法不良となる。

図 4.24(a)のように，左右対象の曲げ加工でずれるのはパンチとダイの心ずれのほか，ダイのコーナー部での材料の滑り方のアンバランスがある（図 4.24(b)参照）。

この対策としてはダイ肩半径の左右の条件を揃えるほか，板押さえをつけるとよい（図 4.24(c)参照）。

（3）　左右フランジ長さの差が大きい製品の寸法不良

左右フランジ長さの差が大きいと左右の重さ（質量）が異なり，これが抵抗の差になってずれを生じる（図 4.25 参照）。

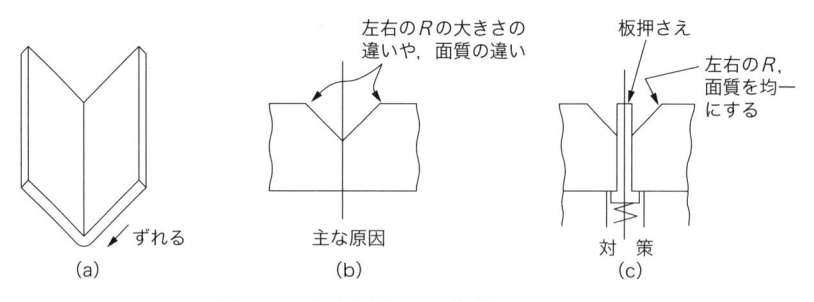

図 4.24　左右対称の V 曲げ製品のずれ

4.4 V曲げ加工

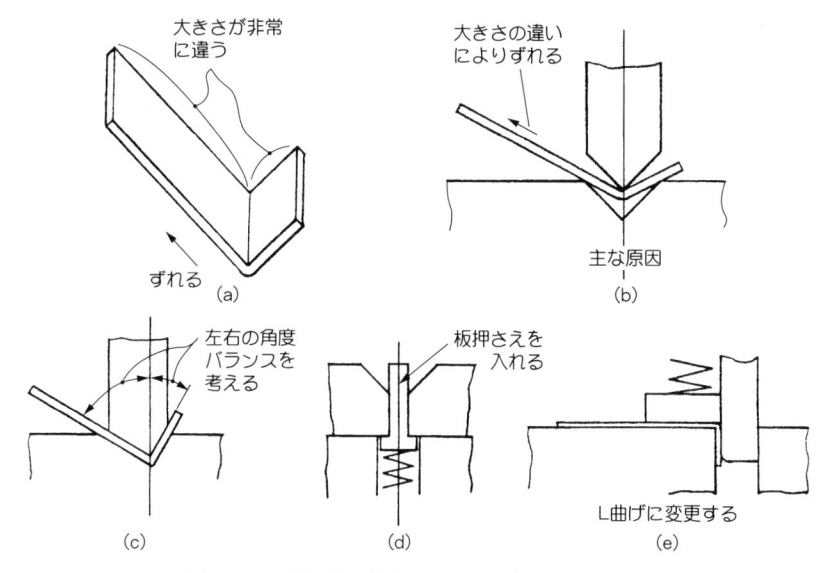

図4.25 寸法差の大きい製品のずれとその対策

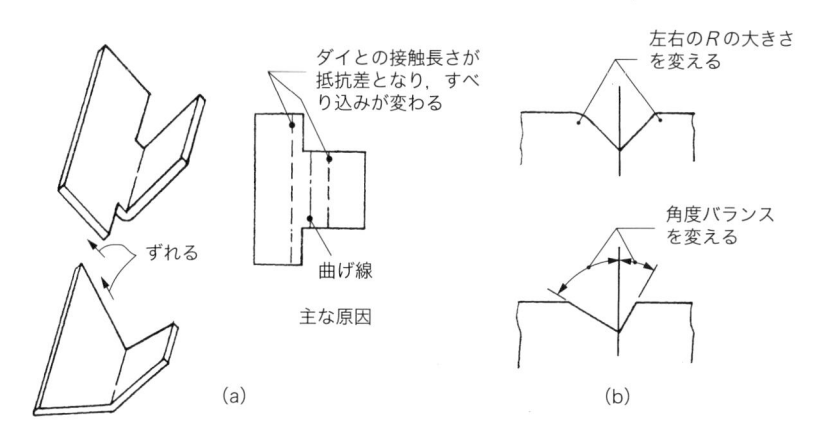

図4.26 左右の曲げ幅の異なる製品の曲げ

この対策としては，左右の角度のバランスを同図(a)のように変える方法がある。しかし根本的な対策としては，板押さえを用いるか，曲げ方法をL曲げに変えるとよい（図4.25(d)，(e)）。

（4） 左右の曲げ幅の異なる製品の寸法不良

左右の曲げ幅に差がある図4.26(a)のような製品も曲げ位置がずれやすく，

103

狭いほうがより強く押されて幅方向の寸法や板厚も変化しやすい。

この対策としては，左右のRの大きさを変えたり，角度のバランスを変える方法がある（図4.26(b)）。しかしこの方法で安定しない場合は，板押さえの採用やL曲げ加工への変更が望ましい。

（5） 曲げ長さが長手方向で交互に異なる

曲げた後の寸法が手前では一方は短く，他方は長くなり，なおかつ反対方向ではそれが逆になる図4.27(a)のような現象は，大部分位置決め装置（位置決めピン，位置決めプレートなど）の不具合による場合が多く，まずこれを調べるとよい。

つぎにパンチとダイの中心線のねじれが考えられ，この二つの対策を講じれば大部分は解決する。

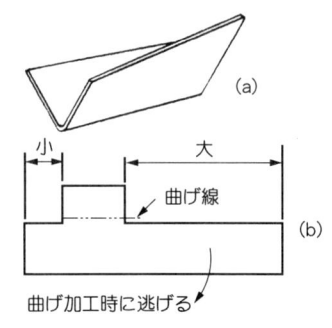

図4.27 曲げ長さが長手方向で異なる

しかし，ブランクの形状のバランスが悪い図4.27(b)のような場合は，一方が逃げて斜めに曲がりやすい。このような場合は変化の量を調べ，位置決めプレート，心合わせ，ダイのRなどをわずかに変えて調整をする方法がある。しかしL曲げ加工がよいのはいうまでもない。

4.4.3 反り，ねじれ

V曲げ加工での反りは，加工の性質上必然的に発生するものと，金型や加工条件などが不適当なために生じる例がある。いずれにしろV曲げ加工は反り，ねじれなどを防ぐうえで適した方法とはいえず，とくに長尺ものの反りの防止はむずかしく，修正工程やほかの加工法の検討も必要である。

（1） 長手方向の鞍形の反り

V曲げ加工の典型的な反りは，図4.28のような鞍形の反りである。この原因は，曲げ部の断面で外側表面部に生じた引張り力 P_1 によって長手方向に縮み，内側表面部に生じた圧縮力 P_2 によって長手方向に広がろうとする力が働くことによる。この力の差が製品全体を反らせることになる。

4.4 V曲げ加工

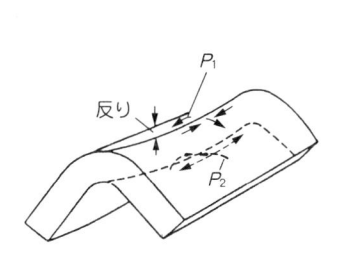

図4.28 曲げによる応力と反り

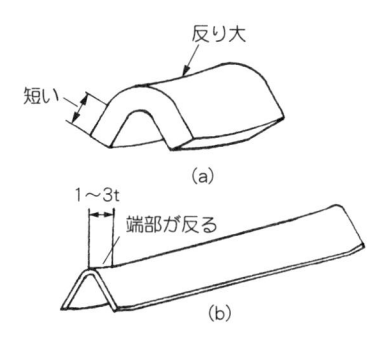

図4.29 反りの発生状況

　一方，この反りを押さえようとする働きが曲げ部以外の直線部で働き，この部分で反りに対抗したり，応力を吸収する。
　したがって反りの発生状況は曲げ部と直線部との関係で異なり，一般につぎのようなことがいえる。
　① 曲げ半径 (R/t) が小さいほど厳しい曲げとなり，反りやすい。
　② 一般に材料が硬いほど表面の応力が大きく，反りやすい。
　③ フランジの幅が狭いほど反りやすい。
　④ 材料の幅が狭い（曲げ幅<8t）ほど反りやすい（図4.29(a)参照）。
　⑤ 曲げ線が長い製品の中央部は，材料が相互に拘束し，反りが少ない。ただし端部で反る（図4.29(b)参照）。
　V曲げでの反りの原因は，
　① 曲げ方向に働く曲げ内側での幅方向に押す力と，曲げ外側での幅方向に引く力とによって生じる（鞍形の反り）。
　② スプリングバックによって両端が開き，中央部はフランジの強さによって開きが少ないことによって生じる（長尺材の曲げに多い）。
　③ 金型の剛性やプレス機械の剛性が弱いときに起こる（逆反り）。①と②は鞍状反りと同じ形になるが，この反りは逆方向の反りとなる。
　対策としては，
　① 曲げ部に大きな加圧力を加え，それを下死点で保持することで鞍状の反りは改善できる。

② フランジの幅を大きくする（材料幅を広げる）。フランジの幅が大きいことが対策となる。

③ 逆反りの反り対策としては，金型の剛性を高める。

④ 逆反りの対策としては，プレス機械の剛性を高める。または加工に余裕のあるプレス機械を使用する。

⑤ 長尺の曲げでは金型を分解して，左右と中央のスプリングバック対策を個別にとれるようにして，バランスをとる。

（2） フランジの反り

フランジの反りの例を図 4.30 に示す。図 4.30(a)のような反りは，図 4.8 で述べた変形過程(4)の前後の影響によるものである。また曲げ幅が大きく加工速度が速いと材料が曲げの速度に追いつかず反りとなる。

この対策としては，

① 板厚に対しダイの溝幅を正しくする（8 t）。

② 製品の角度に等しい角度の金型で底付き加工をし，強く面押しをする。

③ 加工速度は製品の幅に対し適当な速さとする。

また，ある位置から外側，または内側に折曲がったようになる図 4.30 の(b)および(c)は，パンチの幅とダイの溝幅に差がある場合に生じる（図 4.31 参照）。

（3） ねじれ（図 4.32 参照）

曲げ加工後の製品が長手方向にねじれるのは，パンチの長手方向の反り，ダイのＶ溝のコーナー R のバラツキ，パンチとダイの心のねじれなどが考えられる（図 4.33 参照）。

対策としては，幅が狭く長いパンチの場合は，段付きとするか分割するとよ

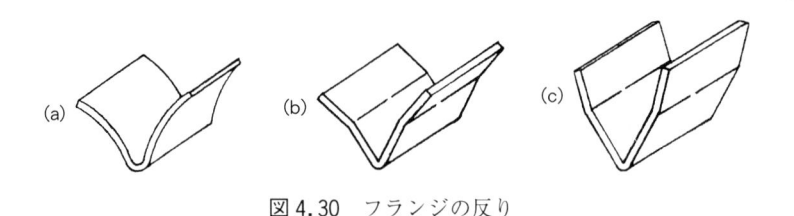

図 4.30　フランジの反り

4.4　V曲げ加工

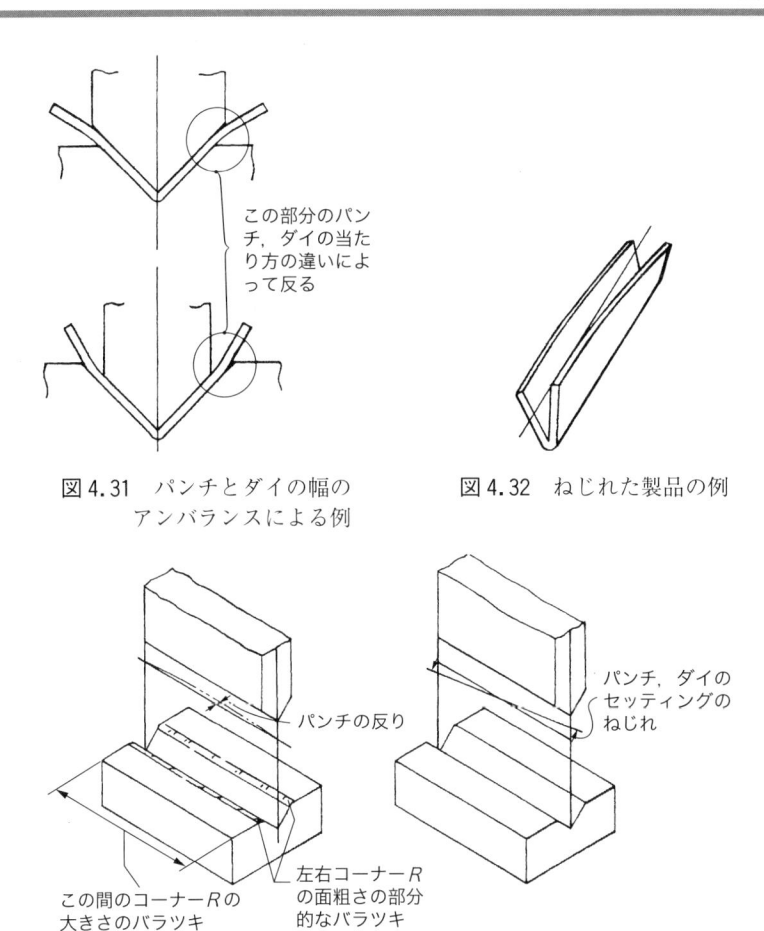

図4.31　パンチとダイの幅の
　　　　アンバランスによる例

図4.32　ねじれた製品の例

図4.33　ねじれの発生原因

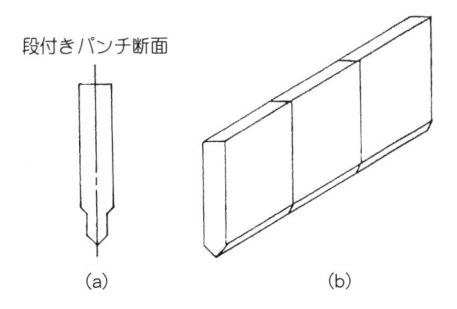

図4.34　パンチの反りを防止するために段突きにした例(a)と分割の例(b)

く（図4.34），ダイの肩 R は成形研削または NC 放電加工機で仕上げ，やすり仕上げなどは避けるべきである。

4.4.4　きず

（1）　曲げ過程でダイのV溝のコーナー部を滑るときに生じる

V曲げ加工でもっともよく発生するきずであり，曲げ線に沿って深く筋状につく。

対策としてはダイの肩 R 面をみがくとともに，R を大きめにする（肩 $R=2t〜4t$）。面仕上げをよくする，潤滑性のよい加工油を用いる，などが考えられる（図4.35(a)）。

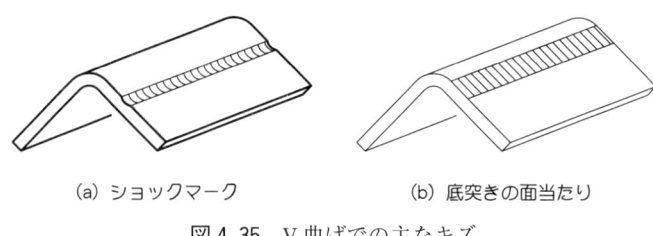

(a) ショックマーク　　　(b) 底突きの面当たり

図4.35　V曲げでの主なキズ

またパンチが材料に当たった瞬間のショックで，ダイ肩部との間に生じる当たりきず（ショックマーク）はパンチが材料に当たるときの速度を下げることで解決する。

（2）　底突き加工で面押ししたときのダイと当りきず（図4.35(b)参照）

パンチの角度をダイの角度よりやや小さくする，面押し力を弱くする，などが考えられる。しかし表面に印刷や塗装してある材料で外観的に問題となる場合は，ビニールフィルムを張り加工したり，ダイにポリウレタンを用いるほか，タンジェントベンダ，フォーミングマシンなどの専用機で曲げる方法もある（図4.36参照）。

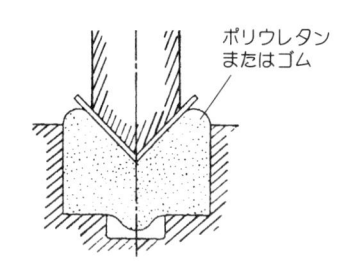

図4.36　ポリウレタンをダイに使用した曲げ型

（3） 金型の表面の凹凸

パンチまたはダイの表面に摩耗，打痕などによる凹凸があると，これが製品に移る。底突き加工をする金型は面の摩耗が激しいので，定期的に再研削とみがきを行う必要がある。

（4） 打痕

空気中のごみ，バリの脱落，抜きかすの付着などによる打痕対策は，これらの発生防止と定期的な金型の清掃である。

4.5 U曲げ加工

4.5.1 U曲げ過程

図4.37はU曲げの変形過程である。図で①は加工の初期を現している。材料はパンチ，ダイの肩によって曲げモーメントを受け，パンチ底面から離れ，

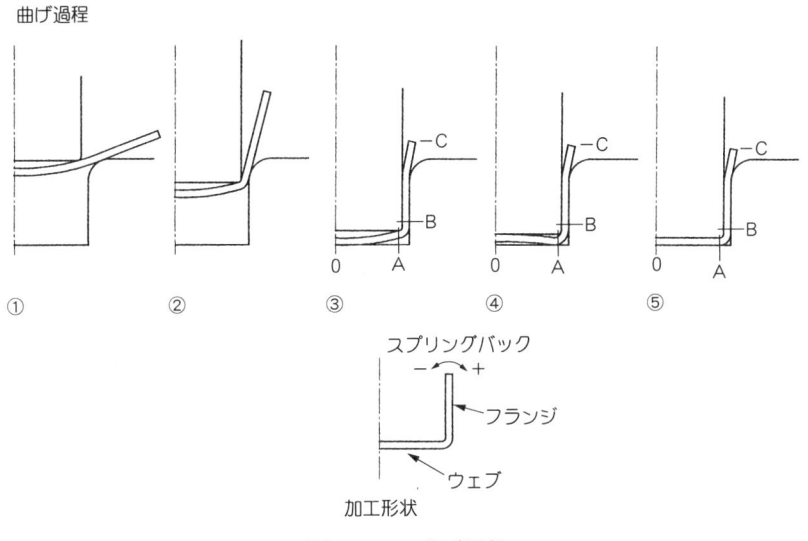

図4.37 U曲げ課程

ダイ側へ凸の状態となる。②はパンチ，ダイがわずかにかみ合った状態を示している。材料はダイ肩を滑り，パンチ肩半径に沿うように曲げ変形を起こす。③は曲げの行程が進み，材料（ウェブ）の凸頂部がダイの低部に接した状態を示している。④は行程がさらに進んだときの薄板（曲げダイ肩幅と板厚の比で）の場合の変形状態を示している。ダイ側に凸であったウェブの凸部が逆にパンチ側に凸に変化する。⑤はパンチとダイによってウェブが底突きされた状態を示している。

各行程でのスプリングバックの状態を加工形状のフランジ部の変化で見てみると，③行程の0—A，A—B間ではフランジはプラス方向にスプリングバックする。B—C間ではマイナス方向に変化する。④行程のA—B，B—C間の変化は③行程と同じであるが，0—A間はウェブがパンチ側に凸となっているため，フランジ部はマイナス方向へスプリングバックする。⑤の行程でも0—A，A—B間は③行程と同じである。底突きされたウェブはパンチ肩方向に押し出されるため，フランジ部はマイナス方向にスプリングバックする。

パッド付き曲げ型構造とすることでウェブに逆押さえをきかせ，ウェブの曲げモーメントによる変形を押さえることができる。しかし逆押さえ圧が弱いときにはパッドが負け，図と同様な変形過程となる。B—C間はダイ肩半径，クリアランスが小さい，パンチとダイのかみ合い量が大きいときに影響がでやすい。A—B間はパンチ肩半径が大きい，パンチとダイのかみ合い量が小さいときに影響がでやすい。

4.5.2 角度不良の原因と対策

（1） 角度が開く（図4.38参照）

U曲げ加工で角度が開くのは，スプリングバックのためである。角度が開く主な原因として，つぎの事項が考えられる。

① クリアランスが大きい。
② クッションパットのクッション圧が強い。
③ パンチのRが大きい。

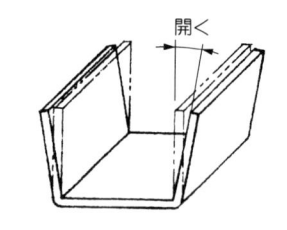

図4.38 U曲げの角度が開く

④ パンチとダイのかみ合いが浅い。
⑤ 曲げ部に大きな加圧力が加わらない（底の平坦部のみ加圧される）。

このうち，クリアランスは板厚に対し，ゼロかややマイナスが望ましいが，板厚のバラツキのため一定にならない。

精度の高いU曲げでは，材料の板厚のバラツキが最大の問題であり，購入規格を厳しくするほか，材料を層別管理する必要がある（図4.39参照）。

対策としては，
① ダイ肩半径を小さくする。
② クリアランスを小さくする。
③ クッションパットの圧力を弱くする。
④ 曲げ部に加圧力を集中的に加える（図4.40参照）。
⑤ パンチの角度を微小量マイナスにする（スプリングバック量を見込んでテーパをつける）。
⑥ ダイの肩形状を30°程度のテーパとする（図4.41参照）。

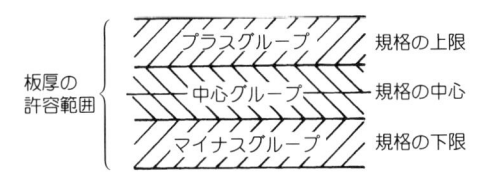

図4.39 材料の層別管理（3グループに分けた例）

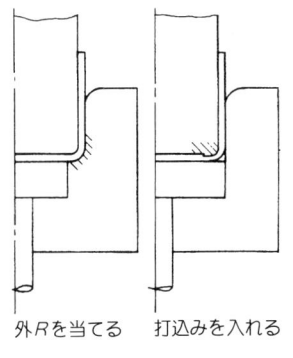

図4.40 曲げ部の加工法

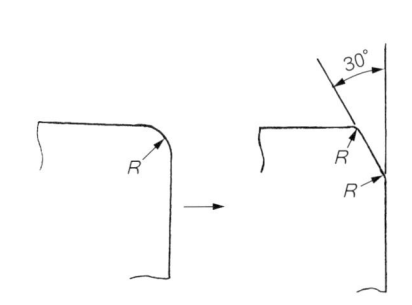

図4.41 ダイのコーナー部をRでなくテーパにする

⑦ パンチの肩半径を小さくする（曲げ半径を小さくする）。

⑧ サイドカムでダイを側面から押しつける。

⑨ パンチとダイのかみ合いを深くする。

などの方法が行われている。

（2） 角度が閉じる（図4.42参照）

U曲げで内側に閉じる原因としては，

① クッションパット（ノックアウト）の圧力が弱い。

② クッションパットの位置がダイ表面より下がっている。

③ 板厚が厚く，しごきが加えられている。

④ 底突き時にコーナー部の面押しが強い。

⑤ クリアランスが小さい。

⑥ ダイ肩半径が大きい。

などが考えられる。

対策として，

a）板厚の規格を厳しくするか，層別管理をし，クリアランスをやや大きめにする。

b）クッションパットの位置をダイ上面よりやや高くし，クッション圧を強くする（図4.43参照）。

c）パンチとダイのかみ合いを浅くする。

d）パンチのコーナーR（曲げ半径）を大きくする。

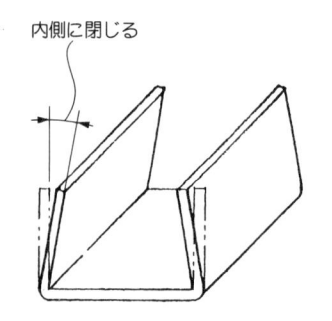

図4.42　U曲げで内側に閉じる

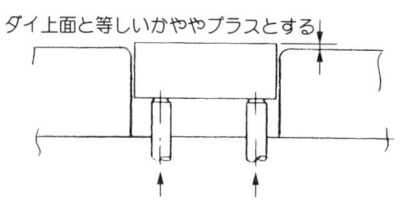

図4.43　クッションパット（ノックアウト）の位置

図 4.44　角度のバラツキ

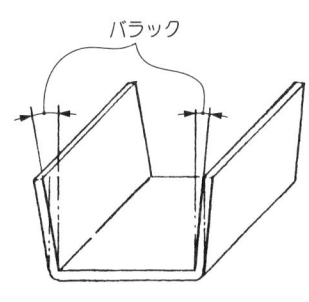

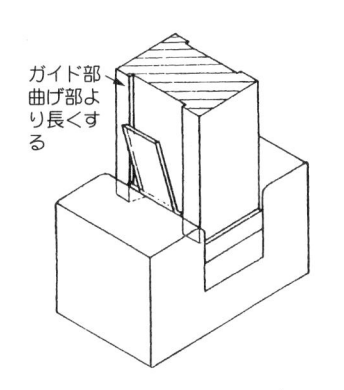

図 4.45　クリアランスを一定にする型構造

e）ダイ肩半径を大きくする。

などが有効であり，そのほか上記の原因を調べて対策を講じる。

（3）　角度のバラツキがあり安定しない（図 4.44 参照）

角度が一定せず，バラツキが大きい原因と対策をつぎに示す。

① 板厚のバラツキ：規格をきびしくするか層別管理をする。

② プレス下死点の不安定：動的精度のよいプレスの使用，ハイトブロックで当てるなど下死点を安定させる。

③ プレスの水平方向の精度不良によるクリアランスの変化。

精度のよいプレスに変えるとよいが，金型にガイド部をつけ，クリアランスを一定に保つ方法がある（図 4.45 参照）。

（4）　曲げ部の長さの異なる製品の角度不良

図 4.46 の(a)のような製品では，大きなフランジ側から小さなフランジ方向にパンチが寄せられてクリアランスが変化，曲げ線の長さが長いほうは開き，短いほうは閉じる（図 4.46(b)）。

この対策として，パンチにガイド部を設定し寄りを防ぐとよい（図 4.46(c) 参照）。

（5）　曲げ部で平行でない製品の角度が開く

図 4.47 のような製品の場合，曲げ加工中に逃げ，角度不良および底面の反

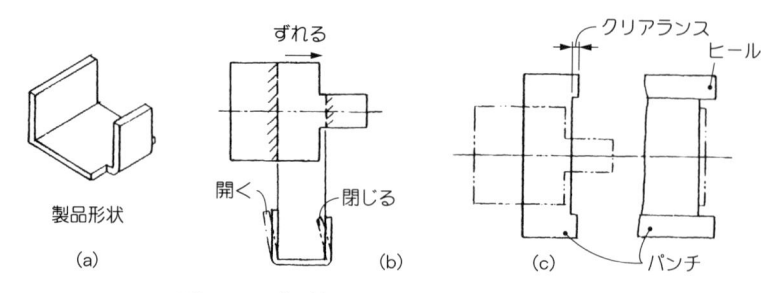

図4.46 曲げ部の長さの異なる製品の曲げ

りが生じる（図4.48(a)参照）。

この対策として，つぎのような方法がある。

① クッションパットの圧力を強くする。

② 曲げパンチのコーナー部に突起をつけ，食い込ませる。

③ ノックアウトにずれ防止用のストッパをつける（図4.48(b)参照）。

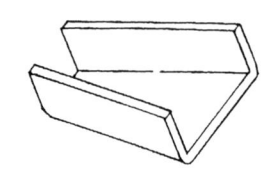

図4.47 テーパ状に曲げる製品例

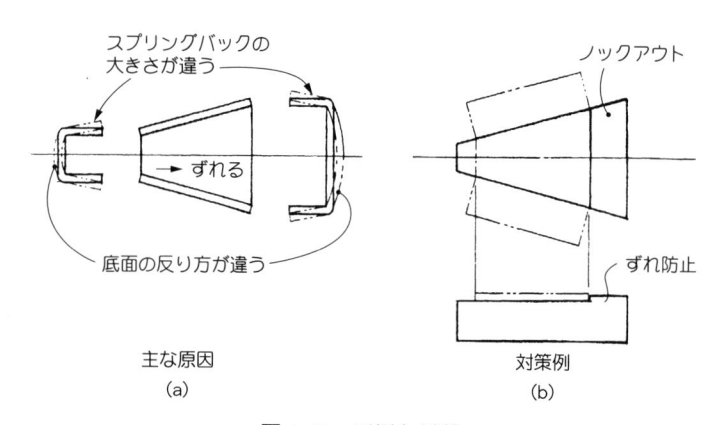

図4.48 原因と対策

4.5.3 寸法不良

（1） 曲げ高さ不良（図4.49参照）

曲げの高さ不良とその対策としては，つぎの項目が考えられる。

① ブランクが大きい

曲げ展開長さの計算不適当。

外形抜きのダイが刃先からテーパとなっており，再研削によって寸法がプラスとなる。

対策としては，曲げ展開計算のデータを集めて補正値の精度を上げる，外形抜きのダイは再研削しろを考えてストレートランドをつける，ブランクはややマイナスに作るなどが考えられる。

② 曲げRの大きさ不適当

曲げ半径（製品内側のR）が変わると，曲げ寸法が変化する。寸法が大きい場合は，曲げ半径を小さくするほか，コーナー部に打込みを入れるとマイナスさせることができる（図4.50参照）。

寸法が小さい場合は，曲げ半径を大きくするとよい。

③ 曲げ高さのアンバランス

曲げ寸法の一方が悪い場合は，位置決めを直してバランスをとる。

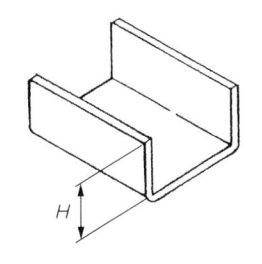

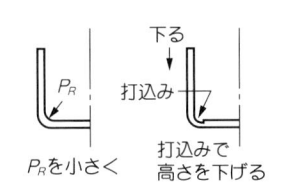

図4.49　U曲げの高さ　　図4.50　曲げ高さが高いときの対策

（2） 穴位置不良とその対策（図4.51参照）

曲げ部にある穴の位置が悪い原因と対策をつぎに示す。

① 穴あけ工程での外形のずれ

穴あけ工程で穴位置がずれたり，バラツキが大きいと曲げ加工後に位置不良

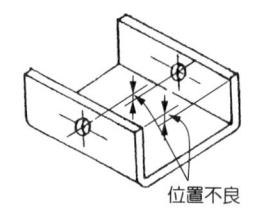

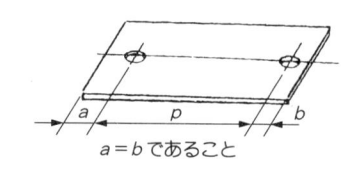

図 4.51　穴位置不良の例　　　図 4.52　穴と外形のずれのないこと

となる。

対策として，穴あけ工程ではピッチと合わせて外形とのずれを管理する必要がある（図 4.52 参照）。

② 位置決め装置の位置ずれおよびすき間

位置決め装置にずれやすき間があると，ブランクの位置がずれたりバラツキが生じる。

対策としては位置決め装置を直すことである。

③ 金型の不具合

曲げダイの肩 R の左右の差，クリアランスの片寄りなどを調べ正しく直す。

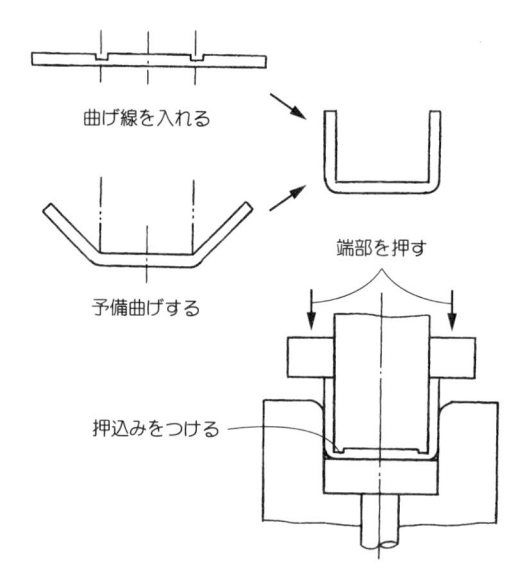

図 4.53　曲げ寸法の安定法

4.5 U曲げ加工

④ クッションパットの不具合

クッションパットのガタ,傾きなどがあるとブランクがずれやすい。

⑤ 板厚のバラツキ

板厚が変化すると,しごき量が変って穴位置が変化する。前にも述べたように板厚の管理をきびしく行う必要がある。

全体的な対策としては,前工程で曲げ線や予備曲げを入れる,コーナー部に打込みを入れるとともに端部を押す(図4.53)などが考えられる。これらは順送り型でとくに有効である。

4.5.4 反り,ねじれ,わん曲など

U曲げ製品が図4.54のようにフランジが反る要因として,図4.55のダイR (R_D),かみ合い深さ (L_B),クリアランス (C),クッションパットの圧力 (P_B) などが考えられる。そのほかブランクの反り,バリなども影響する。

対策としては,ダイRを板厚の3倍程度つける,クッションパットの位置をダイ上面かやや高い位置として,クッション圧を強くする,クリアランスを適正にする,パンチとダイのかみ合いを適正にするなどである。

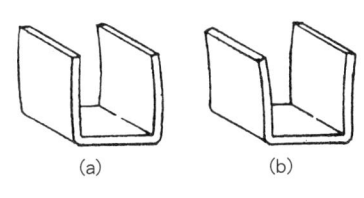

図4.54 U曲げ製品の反り

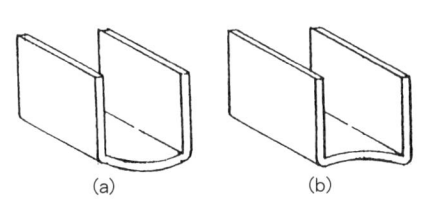

図4.55 U曲げ製品の反りの発生要因
(C:クリアランス,R_P:パンチR,R_D:ダイR,L_B:かみあい深さ,P_B:クッション圧)

図4.56 底部の反り

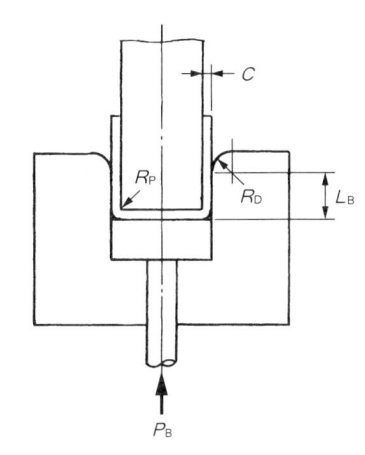

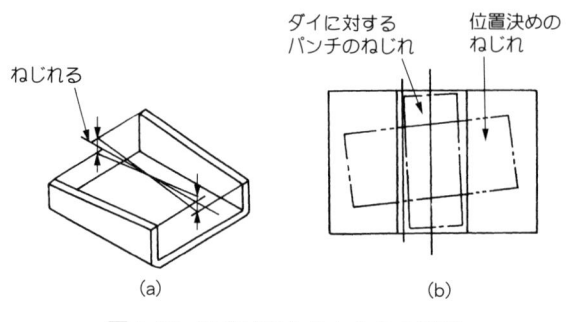

図 4.57　U 曲げのねじれとその原因

　底部のわん曲（図 4.56）は，クッションパットの位置不良（ダイ上面より下がっている）と曲げはじめのときのクッション圧不足が主な原因である。
　同図(a)はいずれかが悪いうえに下死点での面押しが不足しており，(b)はいずれかが悪いまま下死点で面押しだけを強くした場合に生じやすい。
　同一曲げ部の高さが斜めになり，他方はその逆になるねじれ（図 4.57(a)）の原因は，同図 4.57(b)のようにブランクの位置が斜めに置かれていることとダイに対するパンチのねじれが考えられる。対策は位置決め装置をダイと平行に合わせる，パンチとダイを平行に正しく合わせるなどである。

4.5.5　きずの原因と対策

（1）　曲げの外側にたてきずがつく（図 4.58 参照）
　この原因としてはダイの焼付き，バリの脱落，ごみ，抜きくず，さびなどの付着，ダイの側面の面粗さが粗い，加工油の不足，摩耗による肌荒れなどが考えられる。
　対策としては保管中にごみやさびの付着した金型は，使用前に分解清掃し，新しい潤滑油をつける，ダイ側面のきずは早めにラッピングをする。粘性の高い加工油を塗布する，などがあげられる。
（2）　肩当たり（ショックライン）が残る（図 4.59 参照）
　曲げ部に近い外側に平行した凹みが生じる。これはパンチが材料に当たったときのショックで，材料がダイの肩部で強くたたかれた痕である。

4.5 U曲げ加工

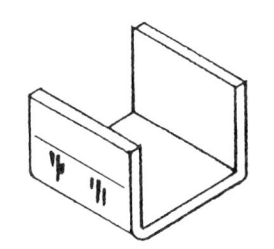

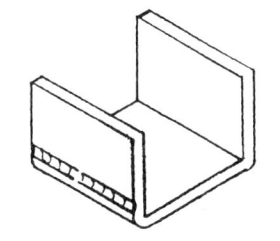

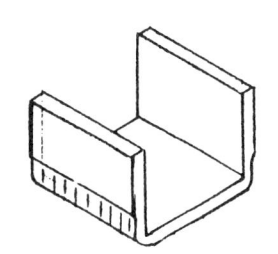

図4.58 側面のたてきず　図4.59 側面の肩曲がり　図4.60 ダイに入った
　　　　　　　　　　　　　　　（ショックライン）　　　　部分の段差

対策としては，ダイの肩 R を大きくする，スライドの下降速度を遅くする，ダイの肩をテーパにするなどが有効である。

（3）ダイに入った部分に段差がつく（図4.60参照）

この原因は，クリアランスが小さいことであり，板厚に合わせてクリアランスを大きくする必要がある。板厚のバラツキが大きいため混入する場合は板厚の管理をきびしくし，バラツキが避けられない場合は層別管理が必要になる。

4.5.6 変形，ゆがみ，側壁の反りなど

（1）側壁の波打ちと反り（図4.61参照）。

U曲げをした側壁が波を打ったり，曲げ線に沿って反るのは，曲げる前のブランクのひずみが曲げによって顕著に現われることが多いからである。とくに薄い板の場合に多い。

ブランクの反りやねじれがないようにし，抜き状態もバリのないように注意する。とくに穴のある場合は，外形と穴の抜き方向，穴あけ時の板押さえ力，クリアランスなども注意する（この点は抜き加工の項参照）。

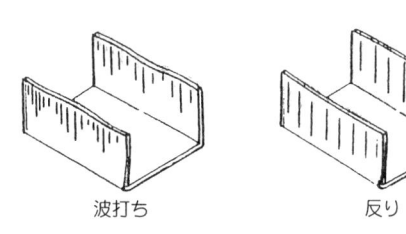

波打ち　　　反り

図4.61 側壁部の波打ちと反り

第4章　曲げ加工品の不良対策

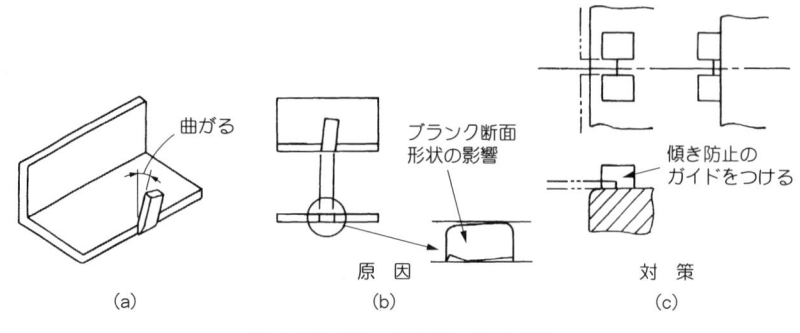

図4.62　細い曲げ部の横曲がり

（2）　幅の狭い曲げ部が横に曲がる（図4.62(a)参照）

　幅の狭い部分を曲げると横方向へ曲がることがある。抜き加工においては，クリアランスのアンバランスおよび送り抜きでのブランクのねじれ，左右のバリの大きさなどが，この原因となる（図4.62(b)）。

　対策としては打抜きの条件を左右均一にし，ねじれを少なくするほか，平打ちするのも効果的である。曲げ工程の対策としては横曲がり防止のガイドをつけ，このガイド内で起き上がるようにするとよい（図4.62(c)参照）。

（3）　曲げ部に接近した穴の変形（図4.63参照）

　曲げ部に接近した穴は曲げのとき引かれて変形し，その周辺の形状も悪くなる。

　簡単な対策としては図4.40のように打込みを入れ，強いクッションパットで受けると効果的である。このほか曲げ線を入れる（図4.53），すて穴を曲げ部に

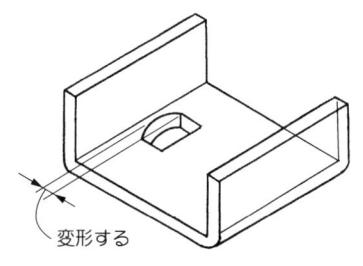

図4.63　曲げ部に接近した穴の変形

あける（図4.64(a)）穴形状を変更する（図4.64(b)）などが考えられる。

（4）　内側に突起のある製品の曲げ部の変形

　図4.65のように，内側にバーリングその他の突起がある場合，パンチを横に逃がすと曲げ加工後製品を横に滑らせて取らねばならず，一般にはたてに逃しをとる。このため，この部分だけパンチが逃げており，きれいな曲げ線がつ

4.5 U曲げ加工

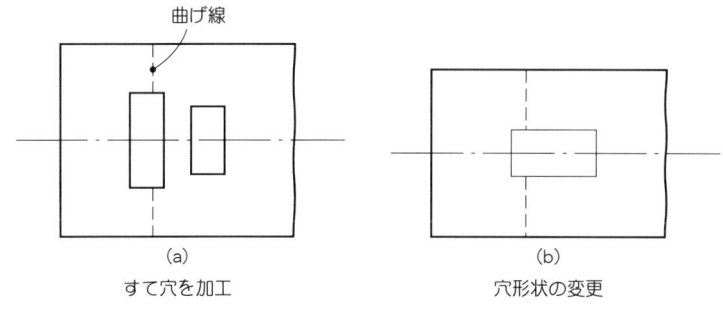

(a) すて穴を加工

(b) 穴形状の変更

図4.64 曲げ部に接近した穴の変形対策例

かず，部分的にふくれたようになる。

　この対策としてもっともよい方法は，突起部の下に逃しの穴をあけることである（図4.66参照）。これが許されない場合は，前工程で曲げ線をつけるか予備曲げをしてから曲げるとよい（図4.67参照）。

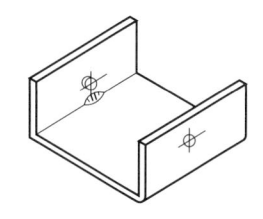

図4.65　内側に突起のある製品のパンチの逃しによる変形

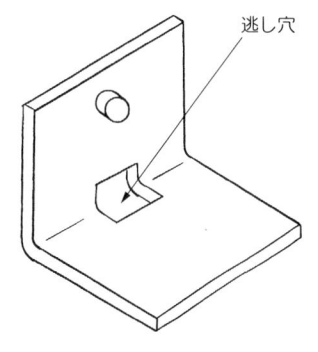

図4.66　突起部下の変形を避けるための逃し穴

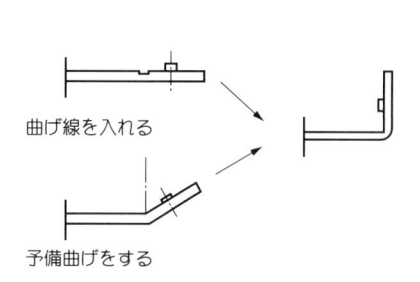

図4.67　変形対策

4.6 その他の曲げ加工

4.6.1 L曲げ加工

L曲げ加工の不具合は，大部分U曲げ加工と同様であり，U曲げ加工の一方の曲げ部だと考えてU曲げの項を参照してほしい。

以下は主としてL曲げ加工のみの現象について述べる。

（1） 曲げ角度が悪い

L曲げで角度が悪い原因と対策を，図4.68に示す。このうち，とくにパンチの逃げには十分注意し対策をとる必要がある。

（2） 低い曲げ高さの形状が悪い（図4.69参照）

板厚に比べて高さが低い曲げは，大きな曲げモーメントを必要とし，きれいに曲がらない。一般には直線部は板厚の2倍以上必要であり，これ以下では曲げるより板をしごくほうが楽になり，クリアランスを小さくしてもしごき量が増えるだけで内側の角度は変わらない（図4.69(b)参照）。

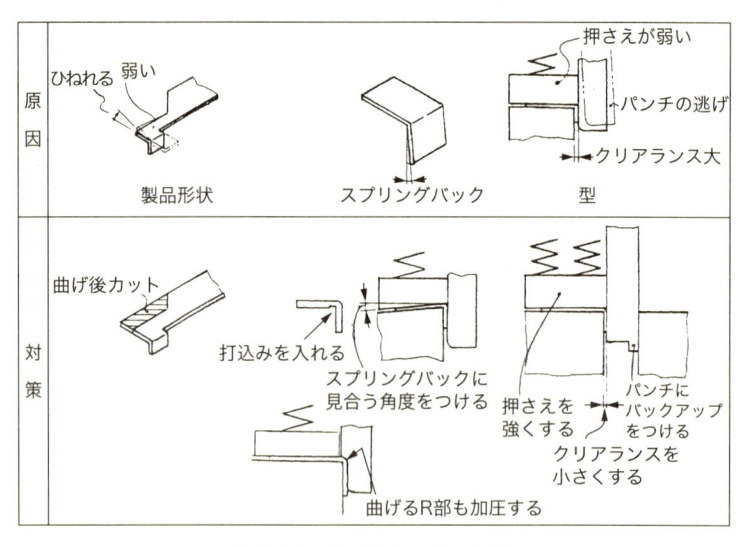

図4.68 角度不良とその対策

4.6 その他の曲げ加工

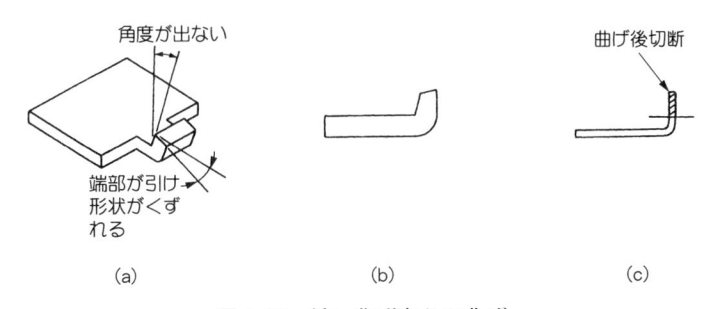

図4.69 低い曲げ高さの曲げ

対策としては有効な方法がなく，製品設計的にも避けるのが賢明である。どうしてもそのような形状がほしい場合は長い寸法で曲げてから切断する方法がある（図4.69(c)参照）。

（3）曲げによるブランクの引け（図4.70参照）。

L曲げ加工はU曲げと異なり，一方のみの曲げのため，材料は曲げのとき引き込まれやすい。これが平坦部のわん曲と曲げ高さのプラスとなって現われる（図4.71(a)参照）。

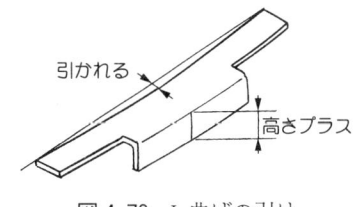

図4.70 L曲げの引け

この対策として板押さえの圧力を強くするとともに，その面の摩擦力を増すようにするほか，材料の受けをつける（図4.71(b))，左右対象の2個取りとして加工後分断するのがよい（図4.71(c)参照）。このようなことが難しいときには，バランス曲げ（図4.71(d)）をすることとなる。

（4）弱いブランク形状の変形・その他

ブランク形状の剛性が弱い場合，曲げによって引っ張られると，ブランクそのものの形状が変形したりゆがむことがある（図4.72参照）。

この対策としては，板押さえを強くする，曲げ部に打込みを入れる，前もって曲げ線を入れておく，曲げ半径を小さくする，曲げダイ（下向き曲げのときはパンチ）のRを30°程度の勾配とする，などがある。

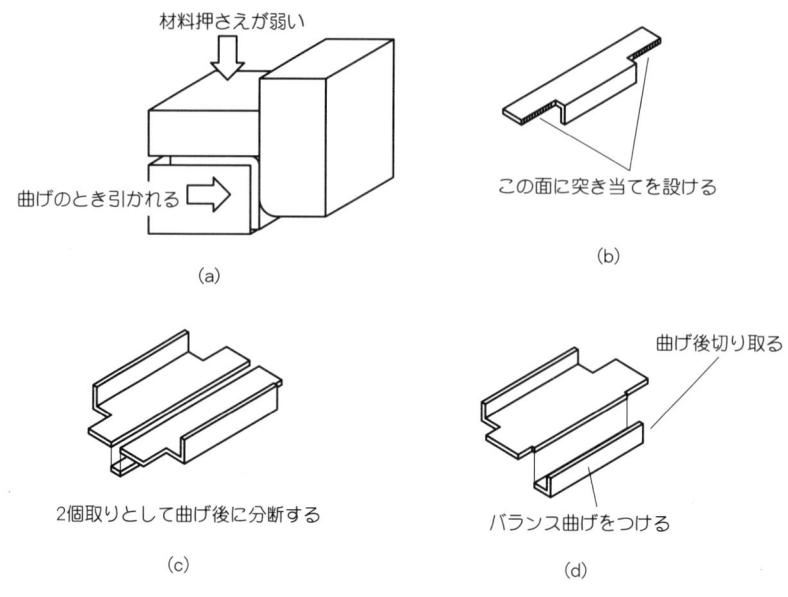

図 4.71　引けの原因と対策

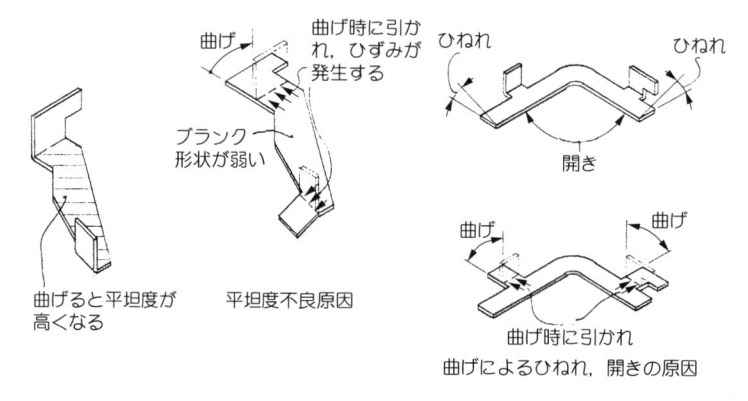

図 4.72　弱いブランク形状の曲げによる変化

4.6.2　Z 曲げ加工

　一度に 2 箇所を同時に曲げる Z 曲げは，金型が比較的簡単で工程を短縮できるが，さまざまな問題が発生しやすく，精度の高い製品ではできるだけ避け

4.6 その他の曲げ加工

たほうがよい（図4.73参照）。

Z曲げの主な不具合としては，つぎのようなものがある（図4.74参照）。

① 曲げ部の平行度が悪く，先端がはね上がる（図4.74(a)参照）。

② 側壁部が伸ばされて薄くなる（図4.74(b)参照）。

③ 側壁部は直角にならずS字状になる（図4.74(c)参照）。

④ たてにきずがつきやすい（図4.74(d)参照）。

⑤ 側壁部が弱くなり引きちぎれる（図4.74(e)参照）。

⑥ 伸びの状況が不安定で正確な展開長さの計算がむずかしく，精度の高い寸法が得にくい。

⑦ ブランクが引かれて位置ずれが生じやすい。

対策としては，つぎのような事項がある。

① 多くのデータを収集し，これを元に金型での角度および展開長さの補正値をつかむ。

② 側壁部は伸ばされるので，クリアランスは小さめにする。

③ 板押さえを強くする。

④ パンチのコーナーR部は大きな力で摩擦するため面粗さをよくし，耐摩性を高める（図4.75(a)参照）。

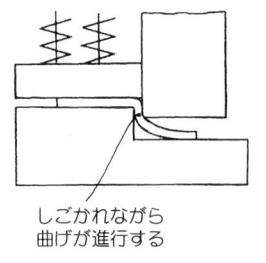

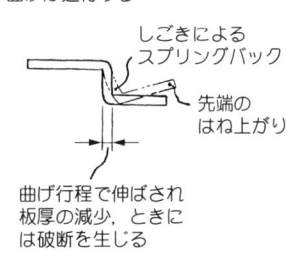

図4.73 Z曲げとその問題点

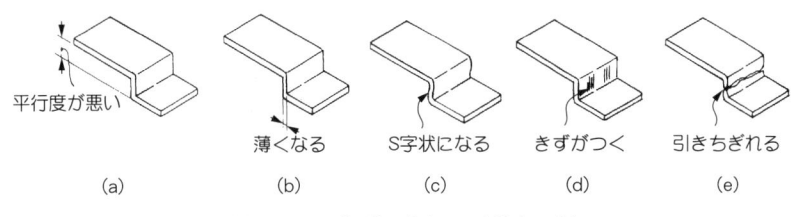

(a) 平行度が悪い
(b) 薄くなる
(c) S字状になる
(d) きずがつく
(e) 引きちぎれる

図4.74 Z曲げに生じる不具合の例

図 4.75　Z 曲げの対策例

⑤ 生産数の多い順送り型では2工程に分ける（図 4.75(b) 参照）。

4.6.3　切曲げ加工ほか

切曲げ加工は，せん断加工と曲げを同時に行うものであるが，加工に無理があり，金型の摩耗が速いほか，製品のできばえも図 4.76 のようなさまざまな不具合を生じやすい。

対策としてもっともよいのは，2工程で始めに周囲を抜いた後にL曲げをすることであり，製品設計段階から配慮しておくことが望ましい（図 4.77(a) 参照）。

次善の策としては，スリットを入れてから曲げる方法と曲げ部に穴をあけてから切曲げする法がある（図 4.77(b) 参照）。

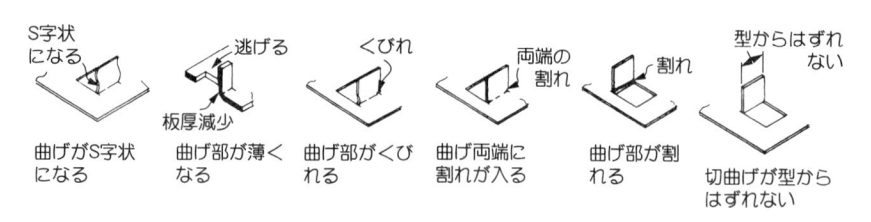

図 4.76　切曲げで生じる不具合の例

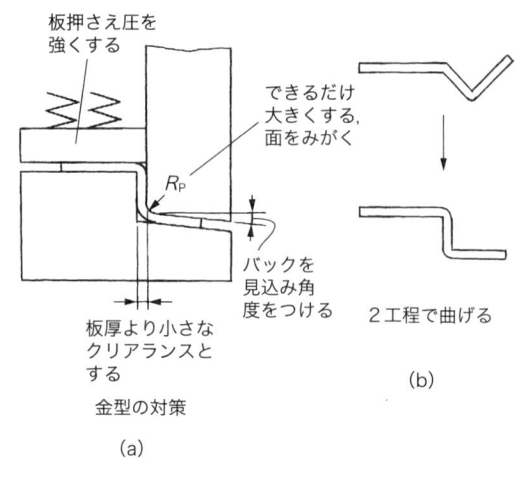

4.6 その他の曲げ加工

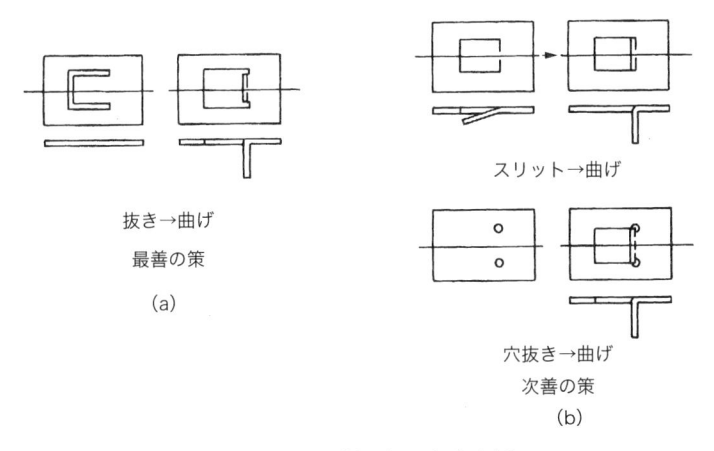

図4.77 2工程で加工をする例

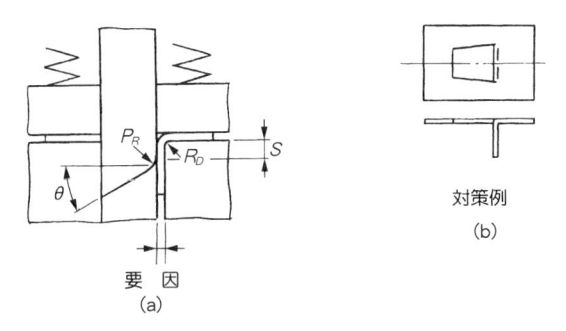

図4.78 切曲げ加工に影響する要因と対策例

やむをえず切曲げを1工程で行う場合は，図4.78(a)の要因を配慮するとともに，つぎの対策を考えるとよい。

① ストリッパは必ず可動式とし板押さえを確実に行う。

② 公差の範囲内でテーパをつけ，ダイから外れやすくする（図4.78(b)参照）。

③ ノックアウトは使用しないか弱いものを用い，周辺にリフタピンユニットを入れ，これで浮かせる。

④ パンチはしっかり固定するとともに，ストリッパガイドで確実にガイドする。

⑤ パンチは耐摩耗性の高いものを用い，早めに交換する。

4.7 多工程曲げ

4.7.1 多工程曲げの不良発生と対策の基本

3工程以上の曲げ工程を必要とする曲げ加工でのトラブル対策としては，つぎの事項が重要である。

（1） 工程設定

多工程曲げのトラブルの元は，大部分が工程設定（レイアウト）にあり，それだけに工程設定には十分な技術の蓄積と注意が不可欠である。過去の実績を十分生かした対応が望まれる（図4.79参照）。

具体的事項はつぎのとおりである。

① 加工法の検討（単工程，トランスファ，順送りなど）
② 工程数（何工程で完成させるか）
③ 製品の重要な部分，ポイントの確認
④ 加工順序（どのように曲げ加工を進めるか，穴あけなどがある場合，その工程の順序は，曲げ後に穴をあけるなど）
⑤ 加工方法（上曲げ，下曲げ，横方向の曲げ）
⑥ 加工の組み合わせ（曲げ加工および穴あけ，バーリングなどとの組み合わせ）
⑦ 加工基準，位置決め方法
⑧ ねじれ，ゆがみ，変形などの可能性と予防法
⑨ 加工誤差の吸収方法（角度および寸法）

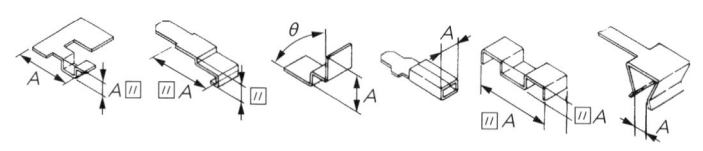

図4.79 多工程曲げで誤差の表われやすい部分の例

⑩ プレス機械の仕様（ストローク長さ，ダイハイトその他）

（2） 型構造

型構造は単純なほどよいが，製品形状と加工内容によっては特殊な構造も必要となる。

具体的にはつぎのような事項がある。

① 芯金の必要性（箱状またはパイプ状の製品）

② サイドカムの必要性（側面の加工）

③ 位置決めおよびガイドの方法

④ ノックアウト，クッションパットなどの構造

4.7.2　形状および寸法不良と対策

（1） 順送り型での曲げ形状不良と対策例

図 4.80(a)のような形状不良は，図 4.80(b)のように加工していた。これを図 4.80(c)のような工程に組み替えて解決した。

（2） 丸め加工でうまく円形にならない（図 4.81 参照）

丸め加工での問題点として，端部が直線状態で残る，端部が密着しない，側面にきずがつく，全体が多角形状になる，などがある。

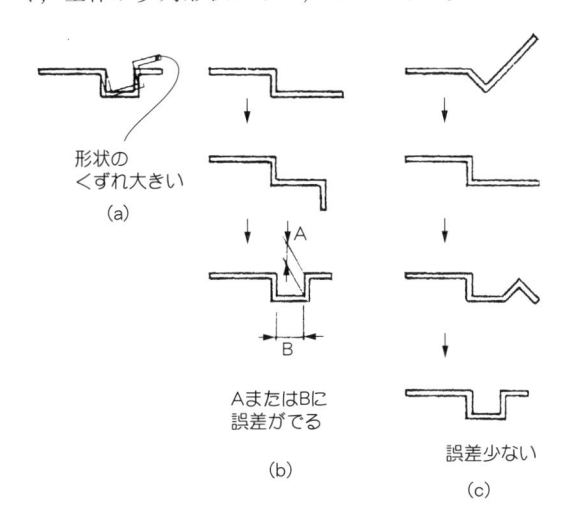

図 4.80　多工程曲げの工程と寸法変化

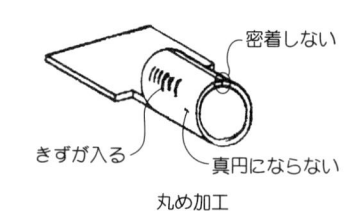

図 4.81　丸めの問題点

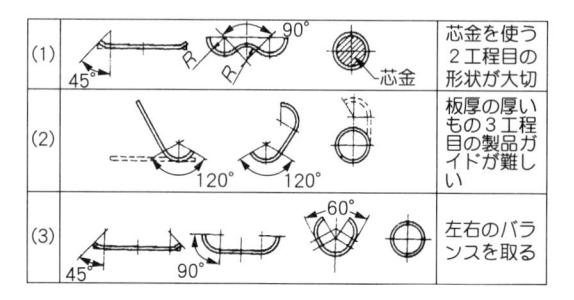

図 4.82　丸め加工の工程例

　対策のポイントは，ブランクの両端を前工程で丸めておくことであり，工程は無理をせずにゆっくり丸めるとよい。丸めの加工工程には（図 4.82）のような方法があるが，(3)の方法がもっとも安定性が高い。

　合わせ目を密着させるにはブランクの大きさが適当であることと，外側から圧縮応力が働くようにすることが必要である。

第5章

曲げ作業のトラブル対策

5.1 V曲げ作業

5.1.1 金型の心合せとずれ

V曲げ型の心ずれのうち，金型製作時，プレス機械への取り付け時の心ずれは基本的なものであり，基本を守れば解決できる（図5.1参照）。

しかし，正しく心出しをした金型が作業中にずれる原因としては，つぎの事項が考えられる。

（1） 作業ミス

材料をずれた位置や斜めに挿入するなど。

（2） 作業ミスがないのに作業中に心がずれる

作業ミスの場合は製品を確認し，不具合がある場合は整備をすればよい。(2)の場合はガイド方法をしっかりしたものに変えるとともに加工法の変更も考えるとよい。

5.1.2 摩耗と破損 （図5.2参照）

V曲げのパンチおよびダイの材料に接触する部分が凹んだように摩耗するの

第5章 曲げ作業のトラブル対策

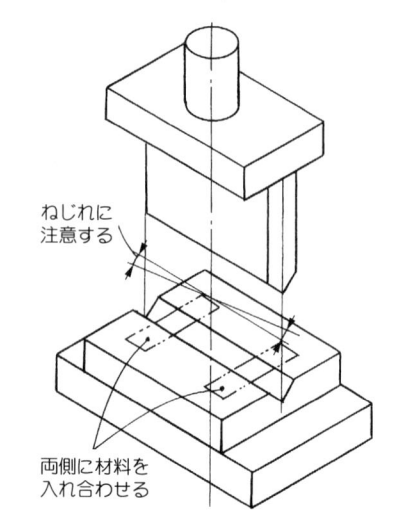

図5.1 オープンタイプ（ガイドポストなし）のV曲げ型の心合せ

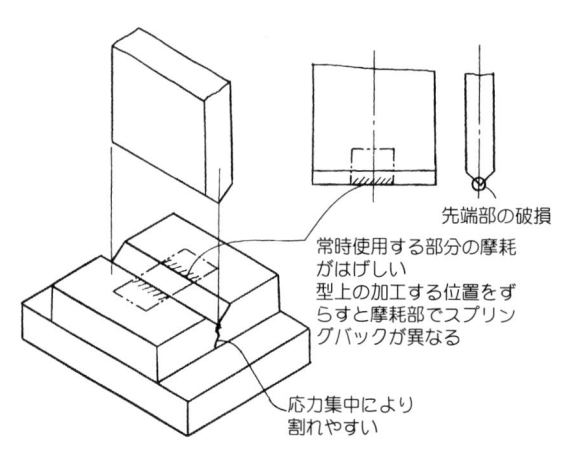

（図中ラベル：ねじれに注意する／両側に材料を入れ合わせる）

図5.2 V曲げ型の摩耗と破損

（図中ラベル：先端部の破損／常時使用する部分の摩耗がはげしい　型上の加工する位置をずらすと摩耗部でスプリングバックが異なる／応力集中により割れやすい）

は，下死点での面押しが強すぎるためである。スプリングバック対策はそれを見込んだ角度にするなどの対策をたて，面押し圧力を強くしすぎないように考える。また再研削は比較的容易であり，定期的な保守整備が望ましい。

破損としては，作業ミスによるパンチ固定ボルトの破損，ダイ溝の割れなどが考えられる。とくにダイの破損は金型を痛めるだけでなく災害につながる危険もあるので，安全面からも十分な注意が必要である（図5.3参照）。

5.1.3　ブランクの挿入ミス

位置決めピンへの挿入ミスを防ぐには，作業が容易でミスを起こしにくいことが必要である。図5.4(a)は右手で挿入する場合のピンの例であり，後方と左側はテーパのないピンを使うと挿入が容易である。段付きの位置決めピンを使用する場合は，沈ませるとピンが浮いてもこの間に入ることがない。また位置決め装置が摩耗したり，不安定な場合は図5.4(b)のようにダイと一体の位置決め装置としてもよい。

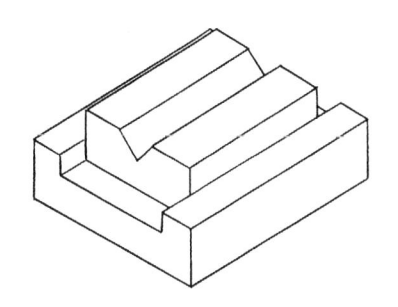

図5.3　V溝の割れ対策を考えた金型

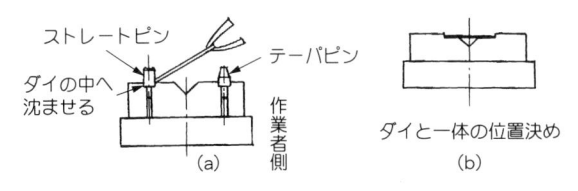

図5.4　位置決めの安定法

5.2 U曲げ作業

5.2.1 パンチへの製品の付着

U曲げ後の製品が，パンチに食いつく原因としては，
① パンチコーナー部での圧縮
② 底突き時の材料のふくらみと変形
③ スプリングゴー

などが考えられる（図5.5参照）。

これを取る方法としては，ストリッパによる方法とパンチの中へキッカーピン（エジェクタピン）を組み込む方法の二つがある。

（1） ストリッパでの変形，その他

ストリッパには可動式と固定式があり，固定式は構造が簡単である半面，作業性が悪い。

可動式の場合は，曲がるとき接触しないように下型のストッパなどで浮かせ

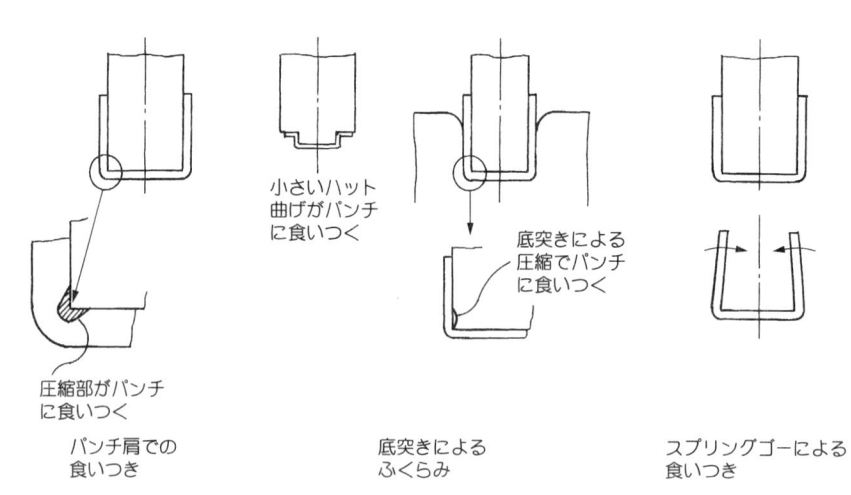

パンチ肩での　　　　底突きによる　　　　スプリングゴーによる
食いつき　　　　　　ふくらみ　　　　　　食いつき

図5.5　パンチへの製品の付着

ておくことと合わせて，曲げ部の高さ以上の可動が必要であり，必ず両側が平均に当たるようにする（図5.6参照）。

また板厚が薄く，食いつきが強いときは側壁が変形したり，底がわん曲することがあるので，このようなときにはパンチに小さな R をつけ，取れやすくするとよい。

（2）エジェクタピンでの変形，その他

エジェクタピンは製品の底の部分を強く押すので変形しやすい。

この対策としてはつぎの点を注意するとよい（図5.7参照）。

① エジェクタピンは，できるだけ曲げ部に近いところへ入れる。

② エジェクタピンはコーナーの食いつきを離す，強くて可動量の少ないも

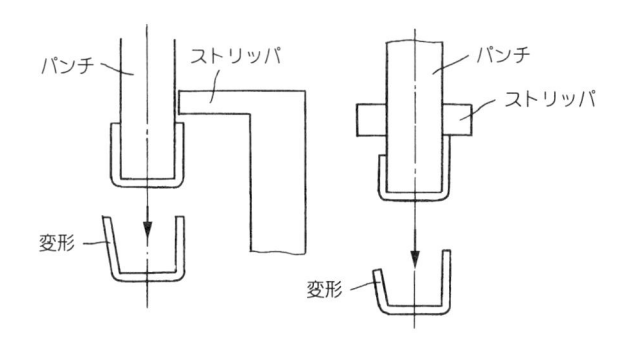

図5.6　片側のみでストリップする場合の変形

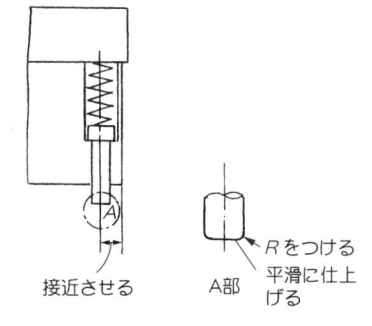

図5.7　エジェクタピンの使用上の注意

のと,パンチを弱く付着した場合に外す,弱くて可動量の大きいものを組み合わせて使用する。

③ 下死点での面押し圧が高すぎると製品にきずがつくので必要以上に面圧をかけない。

5.2.2 金型の摩耗ときず

U曲げ型はダイ肩がもっとも摩耗して表面は滑らかであっても,図5.8のように形状が変り,これにより曲率半径が部分的に変化して小さくなる。これが原因で曲げ条件や伸びが大きく変わることがある。このためダイ肩はみがくだけではなく,再研削などによって形そのものを正しく直す必要がある。

5.2.3 表面処理鋼板の細かいくずの発生

表面に亜鉛めっきなどの処理をした鋼板は,後工程でのめっきを省略するため広く用いられている。しかし,曲げ加工によって細かな糸状のくずがはく離し,これがきずの原因になったり,電気製品の絶縁不良を生じる。

この原因としては,
① ダイ R 部との摩擦
② クリアランスによるしごき
③ ショックライン
④ 破断面の部分のはく離

などがあげられる。

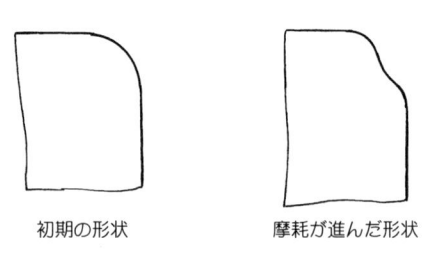

初期の形状　　　摩耗が進んだ形状

図5.8　ダイ肩の変化

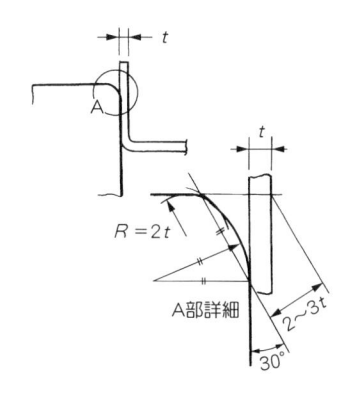

図 5.9　曲げダイの R 形状

　この対策として，ダイ肩を通常の設定より大きくするか，形状を図 5.9 のように円弧を連続した形状とするとよい。そのうえで表面仕上げをよくし，TD 処理などの表面硬化処理をするのもよい。

第6章

成形加工品の不良対策

6.1 フランジ成形の不具合と対策

（1）縮みフランジ成形でのフランジのしわ

縮みフランジ成形では図6.1に示すようになりやすいが，加工の原理はしわ押さえなしの円筒の絞りと考えるとわかりやすい。

不具合対策

① 円弧半径を大きくする。曲げ変形と周方向の縮み変形で，半径が小さいと収縮が大きくなり座くつし，しわが発生する。

② フランジ高さを低くする。

③ 材料板厚を厚くする。相対板厚を増し，座くつ強度を高める。

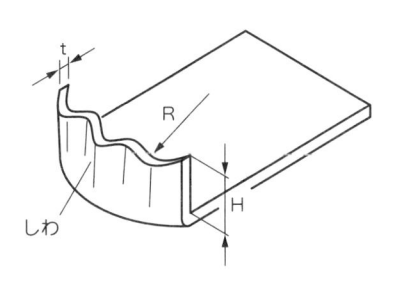

図6.1 縮みフランジのしわ

④ ダイRを大きくする。ダイRを大きくするか斜面として成形過程での形状変化をゆるくする。

⑤ クリアランスを小さくする。縮み変形なのでフランジ部の板厚は増加（最大板厚の30％程度）するので，クリアランスは材料板厚より大きくするが，増加率の最大までしない。

⑥ しわ押さえを使用する。

（2） 伸びフランジ成形でのフランジの割れ

図6.2に示すような現象である。曲げとフランジ端部の伸びが同時に発生する加工といえる。

割れは材料の伸びに制約される。

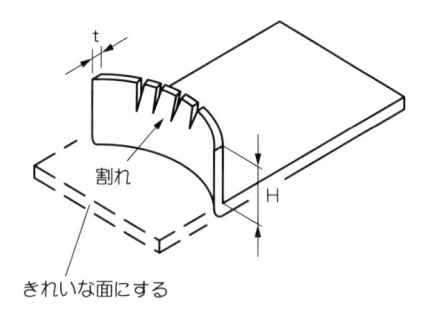

図6.2　伸びフランジの割れ

不具合対策

① 円弧半径を大きくする。単純に伸び要素の軽減である。

② フランジ高さを低くする。縁の伸び要素の軽減である。

③ フランジ端部の切り口面をきれいにする。端部の切り口面をシェービングや切削で仕上げることで，割れはかなり改善できる。

④ クリアランスを小さくする。しごき要素を入れ材料の不足を補う。

⑤ パンチR，側面の面粗度を改善する。

（3） 伸びフランジ成形でのフランジの波打ち

図6.3に示すように，フランジの波打つ現象である。薄い材料を成形すると，

図6.3　伸びフランジの波打ち

フランジ縁付近でスプリングバックによってゆがむ現象である。

不具合対策

① クリアランスを小さくする。しごきを入れスプリングバック要素を軽減する。

② パンチ，ダイのかみ合いを深くする。

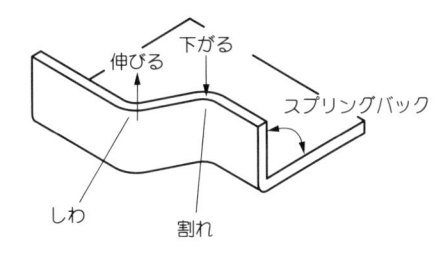

図6.4 ジョグリングでの不具合

(4) ジョグリングでのフランジの変形

図6.4に示すような現象である。ジョグリングは単純曲げ，伸びフランジおよび縮みフランジが共存する形状である。それぞれの欠点が現れる。

不具合対策

各部のクリアランスを変える。単純曲げ部では板厚と同じに，伸びフランジ部は板厚より小さく，縮みフランジ部では板厚より大きくクリアランスをとる。

(5) フランジ成形の反り対策

図6.5に示すような変形である。フランジに引っ張りが働くように加工することで改善できる。

不具合対策

① 2工程加工にする。図6.6に示すように，1工程目でRを大きく加工しておき，2工程目で大きく加工したRを小さくすることで，フランジに引っ張り力が働き改善できる。

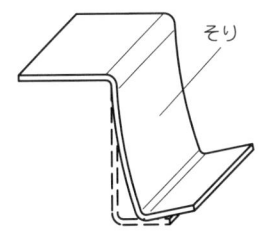

図6.5 フランジ成形でのそり

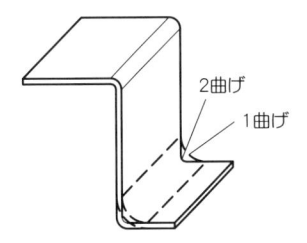

図6.6 2工程での成形

② バランス曲げを使う。図6.7に示すように下死点近くでバランス曲げを使い、フランジに引っ張り力が働くようにする。

（6） フランジ成形のスプリングバック対策（図6.8）

不具合の対策

① 2工程加工する。図6.9のように1工程目で大きな曲げ半径で加工し、2工程目で正規の曲げ半径で加工することでスプリングバックを対策できる。1工程目の曲げ半径を大きくするほど対策効果は大きくなる。2工程目のダイは2〜5度の逃がしをつけておく。

② ウエッブの逆反り利用。図6.10に示すように1工程目でウエッブにパッ

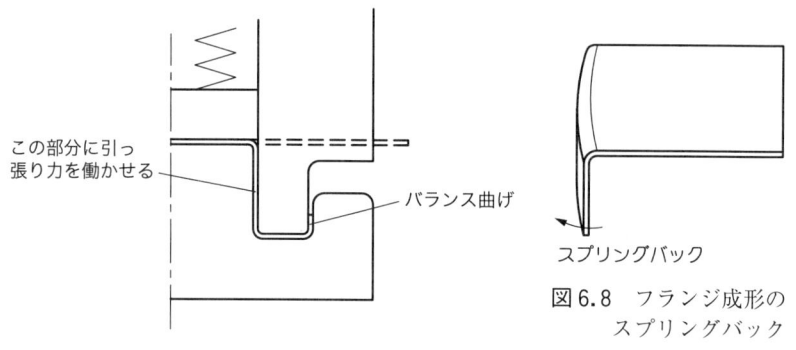

図6.7 バランス曲げで引っ張り力を作る

図6.8 フランジ成形のスプリングバック

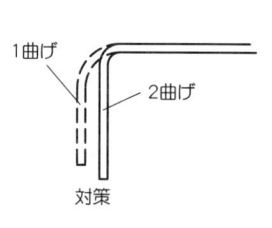

図6.9 フランジ成形のスプリングバック対策-1

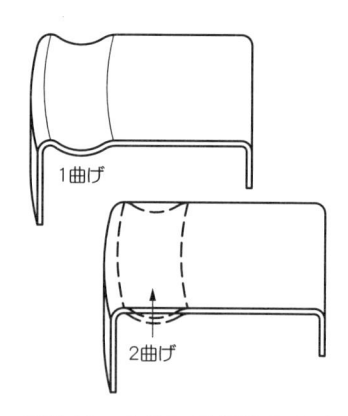

図6.10 フランジ成形のスプリングバック対策-2

ド圧力を利用して反りを作る。この状態で曲げる。2工程めでウエッブの反りを元に戻すように加工することで対策となる。

軽度なスプリングバックであれば，1工程の構造だけで対策となる。この場合は，ウエッブにつける反りは離型後に元に戻る大きさでなければならない。

6.2 ビード・エンボス成形での不具合と対策

図6.11に示すような形状である。

6.2.1 ビード・エンボスの割れ

図6.11の図中の記号を参照。

（1） 図中a部の割れ（角部）

不具合対策

① 図6.12に示すようにコーナーR，パンチRともに大きくする。この部分は伸び要素が大きいので局部的に割れがでやすくなる。できるだけ大きな丸みをとりたい。

② パンチ面粗度をよくする。加工油を多くする。

③ クリアランスを大きくする。伸び領域を広くとるようにする。

（2） 図中b部の割れ（直線部）

角部に比べれば，割れは少ない。

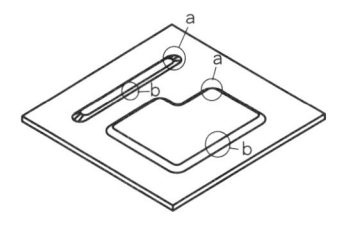

図6.11 エンボス加工の不具合の発生しやすい部分

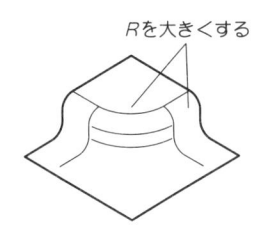

図6.12 エンボス角部の丸み

不具合対策

① パンチ R を大きくする。局部的な伸びを少なくする。

② パンチの面粗度をよくする。加工油を多くする。

6.2.2　ビード・エンボス成形での面のひずみ（図6.13）

不具合対策

① パッドの押さえを強くする

深さが浅い（板厚程度），エンボスの密度が低い場合，パッドの押さえを強くして成形する（図6.14）。

② 直線部のクリアランスを小さくする（図6.15）

面部分から材料を引くことでひずみがでるので，局部的な伸びを利用しての成形を考える。割れとの関係に注意が必要。

③ ビードを活用して材料ひずみのバランスをとる

図6.16に示すように，材料の引かれの強い部分にビードを入れ材料の流入

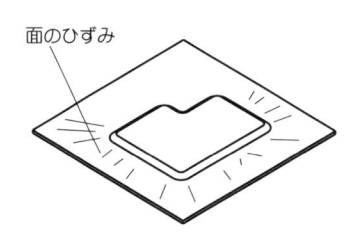

図6.13　エンボス加工での面のひずみ

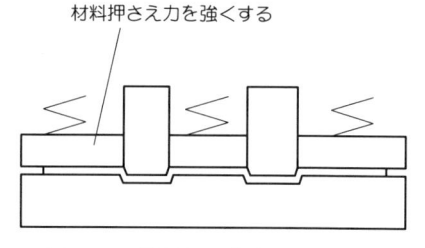

図6.14　材料押さえ力を強くする

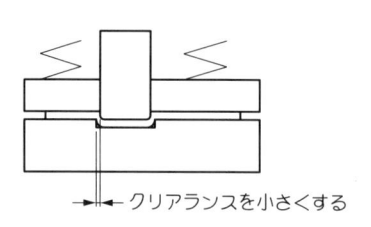

図6.15　クリアランスを小さくする

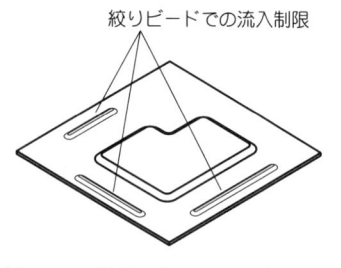

図6.16　絞りビードでの材料流入バランスをとる

のバランスをとる。成形後トリミングで形を整える。

6.3 リブ成形の不具合と対策

リブは曲げやフランジ成形と同時に加工され，曲げ角度の安定やフランジ強度向上のために採用される。そのため，大きさや位置に注意しないと思わぬ不具合が発生する。

小さすぎるリブはかえって，曲げ部の強度を下げてしまうことがあるので注意。

（1） リブ部分の割れ（図6.17）

不具合対策

① 予備成形を入れる。指定リブ形状が大きいと，1回の成形で加工するに

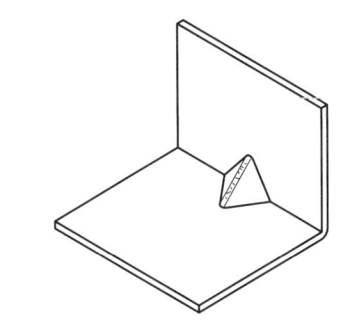

図6.17 リブが割れる

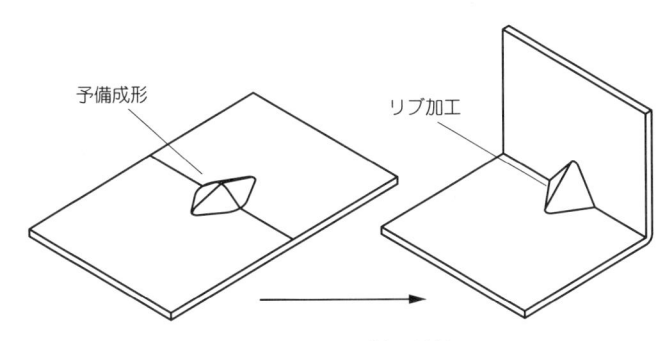

図6.18 リブの割れ対策-1

は材料伸びがついてこられず割れることがある。このようなときには図6.18に示すように，予備成形，成形の2工程加工とするとよい。

② リブの山を低くする。図6.19に示すようにリブの山を低くして材料伸びを緩和する。

（2） リブ成形するとフランジが傾く

不具合対策

① リブの位置を曲げ中央にする。リブ位置が図6.20に示すように，曲げ中央からずれると左右の材料の引かれ方が異なり狭いほうにフランジが傾く。

リブは曲げ下死点付近で加工されるので，比較的材料押さえなどの条件がよい状態にあっても，傾きが発生する。このような状態は金型で工夫してもほんの少しの条件変化で，また傾くので，リブ位置を中央にするのが一番安定した対策となる。

（3） リブ成形でフランジにキズがつく

図6.21のようになる現象である。

図6.19 リブの割れ対策-2

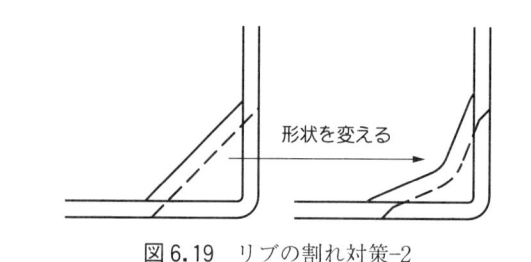

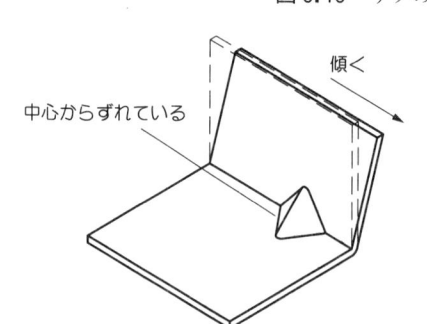

図6.20 リブ成形によるフランジの傾き

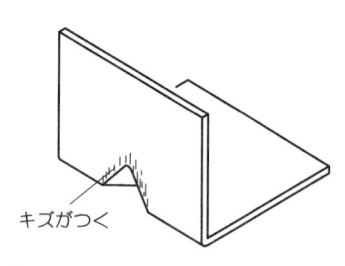

図6.21 リブ成形でフランジにキズがつく

不具合対策

① リブを小さくする。リブはウエッブ側からこすり上げるようにして，成形される。リブが大きいと成形過程で焼付きを起こし，キズが発生する。リブを小さくして焼付き防止を図る。

② リブ成形パンチのみがき。摩擦力低減。

③ 加工油の選択。大きな面圧がかかるので，油膜が切れて焼付き，キズを発生させる。油膜の強い加工油を使用する。

④ ２工程加工とする。リブの割れ対策同様に２工程加工として，加工負荷を緩和する。

6.4　バーリング加工での不具合と対策

（１）バーリング加工で縁が割れる

図6.22に示すような現象である。

不具合対策

① 下穴を大きくする。バーリングは穴の縁を伸ばして成形する加工なので，材料の伸び限界を超えると縁に割れが発生する。

図6.22　バーリング縁の割れ

② 下穴のバリ面をパンチ側にして加工する。面の状態で伸び限界が変わるので，せん断面が外側となるように，図6.23に示すように，バーリング下穴のバリ面がバーリングパンチ側となるようにして加工する。

③ バーリング下穴切り口面の改善。下穴切り口面粗度がよいほど伸び限界は向上するので，穴抜きのクリアランスを小さくする。下穴加工にシェービングを採用したり，リーマ仕上げするなどの手段で，穴面粗度を改善するとよい。

④ しごきバーリングとする。バーリングのクリアランスを板厚の70％程度に小さくすると，しごき要素が加わり改善される。

（2） バーリングの高さが出ない

不具合対策

① しごきバーリングとする。バーリングはしごき加工と同時に行うとかなり高さを稼ぐことができる。フランジの厚さが薄くなり強度的には低下するが，高さがほしいときには有効な手段である。パンチ，ダイへの食い付きが強くなるので，パンチ，ダイ面の面粗度をよくするとともに，ダイにはノックアウトを組み込む必要がある。

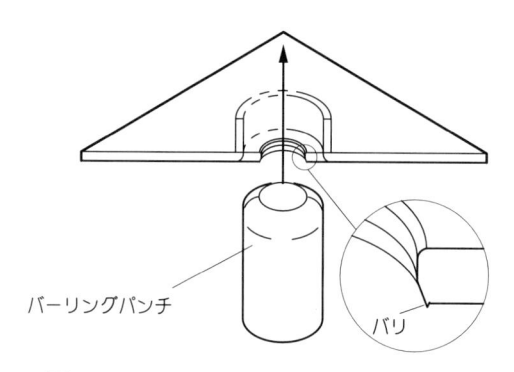

図6.23 バーリングパンチとバリ面の関係

(a)エンボス　　(b)穴抜き　　(c)バーリング

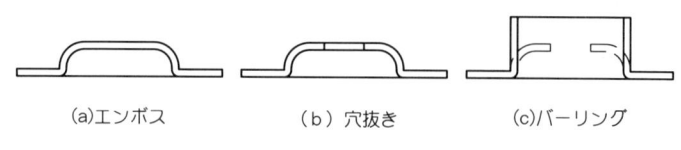

図6.24 高いバーリングを加工する工夫

6.4 バーリング加工での不具合と対策

② エンボス加工と組み合わせる。3工程になるが，図6.24に示すような工程で加工することで高さを稼ぐことができる。絞り加工と組み合わせれば，さらに自由度の高い形状が得られる。

③ 下穴を小さくする。縁の割れとの関係もあり，大きな期待はできない。

（3） 下穴，バーリング同時加工で，穴かすが残る

図6.25に示すような現象である。

不具合対策

パンチ切れ刃管理。この方法はダイのない状態で，穴を突き抜き，バーリングへ移行する加工なので，穴抜きパンチの切れ刃が痛むとバーリング縁に穴かすがついて残ってしまう。この対策としていろいろな提案がなされているが，決定的なものはなく，穴抜きパンチの早めのメンテナンスがよい。

M2.6以下のタップ用のバーリングをこの方法で加工すると，穴抜き時の圧縮で穴かすがパンチ先端に圧着されて取れなくなり，別な問題となるなど，問題が多い工法である。

そのようなわけで，工程を短くしたい単発加工にはよいと思うが，順送り加工では採用を推薦できない。

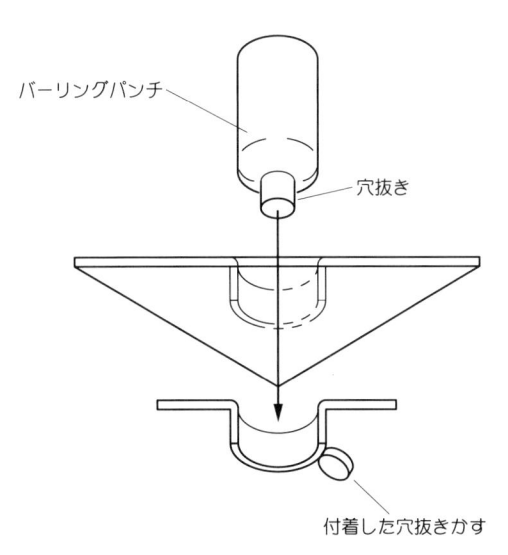

図6.25 穴抜きかすの付着

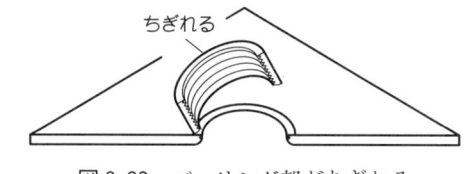

図6.26　バーリング部がちぎれる

(a) 普通バーリング　　(b) しごきバーリング
図6.27　バーリングの外観

（4）バーリング後タップ加工をするとフランジがちぎれる

図6.26に示すような現象である。

不具合対策

普通バーリングで加工する。バーリングには普通バーリングとしごきバーリングがある。図6.27に示すような外観となる。普通バーリングはバーリングのクリアランスを材料板厚にとるので、バーリングフランジの根元の板厚は元の板厚とほぼ同じとなる。そのためタップ加工をしても、根元が強く先端に行くほど弱くなる傾向なので状態としてはよい。

しごきバーリングは、材料板厚の60～70％のクリアランスで加工するので、フランジの外形、内径ともきれいに仕上がる。この形状は位置決め用のボスやバーリングかしめの目的で採用するにはよいが、タップ用として採用すると、フランジの厚さが薄くなっているため、強度不足となり割れることがある。

（5）バーリング加工後タップ加工すると糸状のバリがでる（図6.28）

この原因は、タップ加工の最終端がバーリング縁と干渉し、半円程度が欠落して発生するものである。

不具合対策

① パンチ先端形状を平底形状にする。

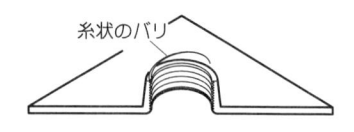

図6.28　タップ加工での糸状のバリが発生する

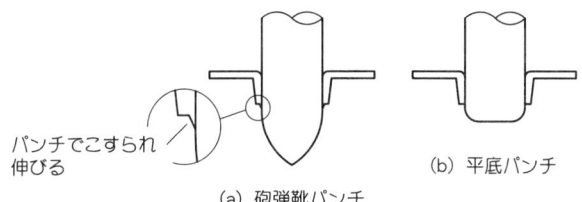

図6.29 バーリング端のパンチ形状の影響

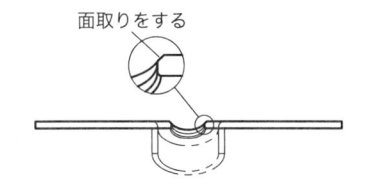

(a) 砲弾靴パンチ　パンチでこすられ伸びる
(b) 平底パンチ

図6.30 バーリング下穴に面をとる

面取りをする

バーリングパンチ先端形状が砲弾形になっていると，バーリングされた形状が図6.29に示すように内径フランジ先端の凸部にできる。平底パンチにすることでこの凸部を軽減できる。

② バーリング下穴を面取りする（図6.30）タップ加工の最終端を角にしないようにして，半欠けができないようにする。

③ バーリング後に内径に面付けをする

②と同じ効果を期待するものである。

6.5　カーリングでの不具合と対策

（1）　カーリングで側壁が変形する

図6.31に示すような現象である。

不具合対策

① 予備成形を入れる（図6.32）。カーリングは，材料がパンチ面に沿って座くつ変形して形状を作る。このときに，予備成形がなかったり，予備成形が小さい状態でカーリングに入ると，軸圧が高くなり思い通りのところで座くつ

図6.31　側壁が変形する

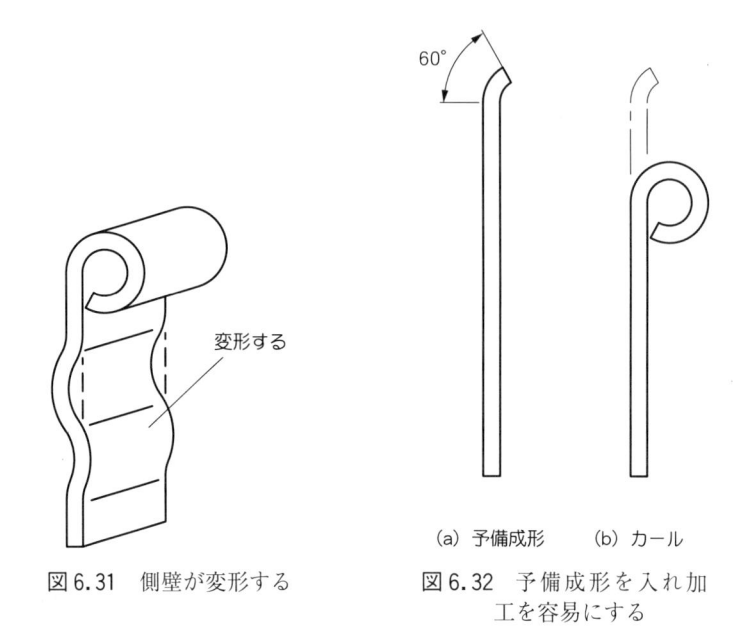

図6.32　予備成形を入れ加工を容易にする
(a) 予備成形　(b) カール

せず，変形がでることがある。予備成形の角度は45度程度では少なく，60度程度がよい。

② カーリングパンチの面粗度をよくする。図6.33に示すように材料の滑り面であるので，面はできるだけきれいに磨いておく。

③ 材料保持を確実にする。カーリングのときには図6.34(a)のように，絞り製品のカール成形では図6.34(b)のように，軸圧でカール成形部分以外が座くつしないようにガイドする。

（2）　カーリングできれいな円とならない

不具合対策

① 予備成形を入れる。予備成形を入れないと，カール先端が直線的になり形状がきれいにならない。カーリングは材料の座くつを利用して形状を作るが，先端部の形状成形をするには無理があり，この部分のみ予備成形で作っておかないといけない。

② カーリングパンチ形状の面粗度。カーリングはパンチ形状に倣うので，形状に注意する。面粗度が悪くても形状が崩れる。

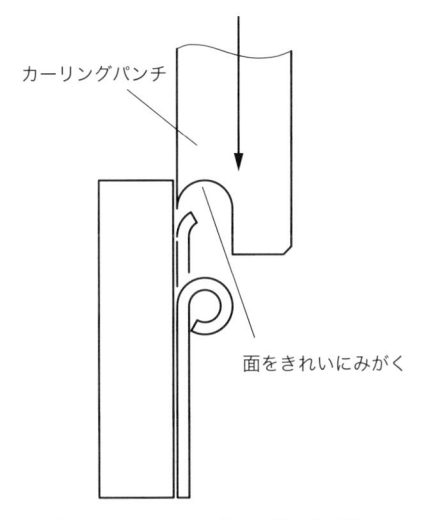

図6.33 パンチ滑り面のみがき

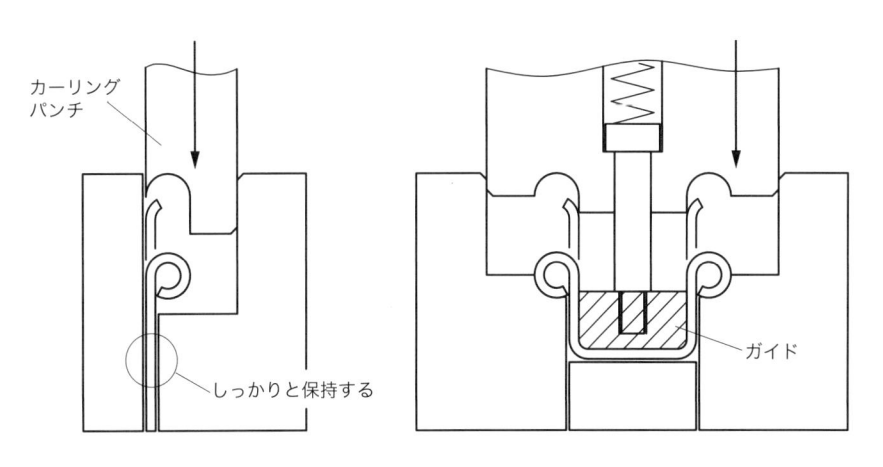

(a) カーリングの板保持　　(b) カーリングでの形状ガイド

図6.34 カーリングでの材料座くつ対策

③ バリ面が内側になるように巻く。

（3）カーリングで粉がでる

不具合対策

① パンチ面の見直し。パンチ面には常に同じ位置に大きな力が加わるので，

当たり個所が摩耗し溝ができる。このようになると変形抵抗が増し摩耗してできた溝部分で材料を削り粉がでることがある。パンチ面の形状の再生と面のみがきを行う。

② 材料のバリをなくす。製品となる材料にバリがあるとカールリング過程で脱落して, 粉状のものが金型に溜まる。

第7章

成形作業のトラブル対策

7.1 製品に滑りキズができる (図7.1)

　製品の側壁部分や平面部分にできる滑りきずである。原因は材料が型の面上を滑り，移動することによって生じる。
　主な発生原因となる金型の部分としては（図7.2），
　① ダイ肩
　② ダイ，パッドおよびストリッパ表面
　③ パンチ表面
　④ 絞りビード周辺
などである。

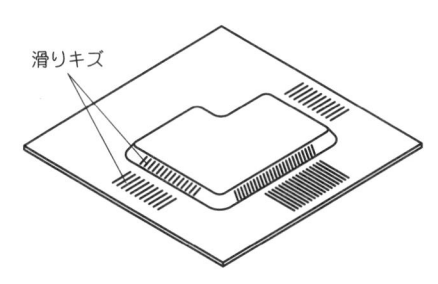

図7.1　滑りキズ

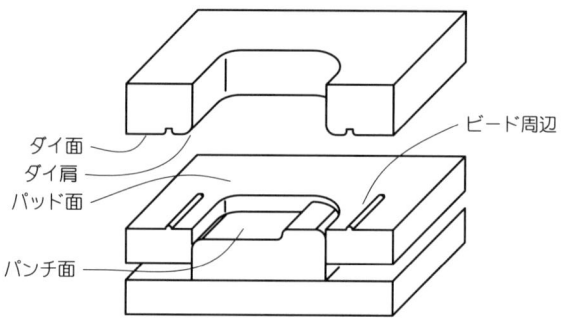

図7.2　滑りキズができる

対策

（1）　型の面精度を上げる

材料が滑る面をできるだけきれいにみがくことである。金型の面は使用が進むにつれて劣化するが，抜きバリのように顕著に現れないので気がついたときにはかなり型の面が粗れていることが多い。加工数を決めて点検するなどの対応が望まれる。

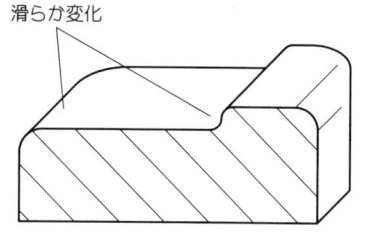

図7.3　凹凸面滑らかな変化

（2）　加工油の塗布

材料と金型間に油膜を形成する。金属どおしの接触が磨耗を早めキズが発生する。油膜は成形加工時の圧力によって破壊されない強さのものを使用する。

（3）　金型凹凸面をスムーズなラインとする（図7.3）

ダイ肩や成形パンチ，ダイの凹凸部分の丸み部分が角張っていたりすると，その部分からこすれキズが発生する。このような部分がないように形状を観察して滑らかなラインとなるようにする。

（4）　押さえ力の調整

パッドやストリッパの押さえ力が強すぎても滑りキズの原因となる。ダイクッションなどの圧力源を調整する。

（5）　ビニールフィルムの使用

材料面にビニールを貼ることで，材料と型とが接触しないようにする。キズ

対策とするものである。

7.2 かじりきずができる (図7.4)

かじりきずは滑りきずが成長した状態と言える。通常の使用では徐々に変化するので，かじりに至る前に処理されることが普通である。かじりの原因は，砂粒などの巻き込みによる突発的なものと加工油の塗布忘れや塗布量が少なかった，または油種を間違えて油膜切れを起こしたなどが考えられる。

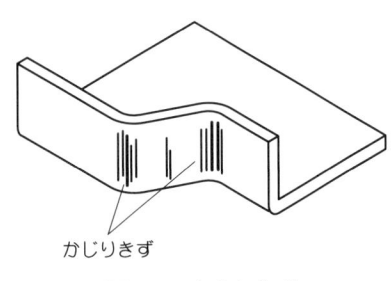

図7.4 かじりきず

対策

対策としては滑りきずと同様の内容であるが，追加的な内容を記す。

（1） 防塵

砂埃などが舞い込まない環境とすることである。

（2） バリ対策

成形によってブランクのバリが落ち，それを巻き込むことでかじりの原因を作ることがある。バリを管理してバリの少ないブランクを使用することである。

（3） 金型清掃

金型の保管中にも外部から埃の入り込む余地がある。金型の清掃はこのようなことを防止できる。また，清掃は金型状態の点検ともなり，金型のひび割れやキズの発見もできる。

（4） 型材質の検討

ステンレスなどの成形では，油などの対策では寿命が短いこともある。材料強度の関係から高い面圧となることが原因である。このようなときには特殊な銅合金（AMPCO，HZ など）を使用することも考える。

7.3 型当たりができる（図7.5）

型表面の合わせ面のすじやエア穴，ボルト穴の跡などが製品につく現象である。

対策

（1） 合わせ面の改善（図7.6(a)）

入れ子や複数のブロックを組み合わせてパンチやダイを作ったときには，合わせ面に段差がないようにする。組み立てたときにはなくとも何度か加工をすると段差が現れることもあるので注意する。

（2） エア穴やボルト穴の跡の対策（図7.6(b)）

基本的には製品の目立つ位置にはこのようなものをつけないようにする。このような跡の対策は，穴の角部に丸みをつけぼかすことである。この処置で明瞭な線としての跡は製品にはなくなるが，大きな穴はわずかな窪みが残ることがある。エア穴はできるだけ小さくする。

（3） パンチとパッドまたはノックアウトの面状態のすり合わせ

底突きをして形状を決める加工ではパ

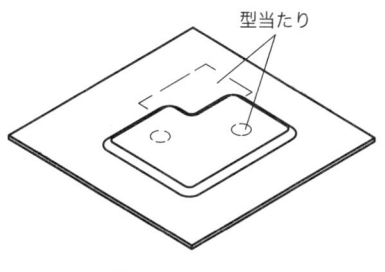

図7.5 型当たり

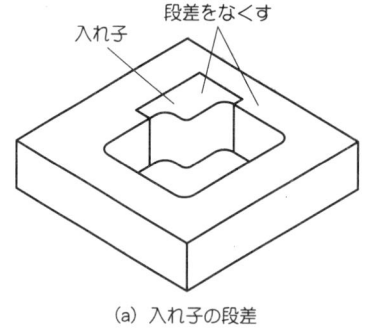

(a) 入れ子の段差

(b) 穴の跡がつく

図7.6 型当たり対策

ンチと受け側となるパッドまたはノックアウトとの面形状が合っていないとあたりの強い部分に型当たりができる。すり合わせを行い，当たりを均一にする。

第8章

絞り加工品の不良対策

8.1 工程設定

8.1.1 工程設定時の注意事項

　絞り加工でもっともむずかしいのが工程設定である。安全と余裕をみて工程数を多くすれば金型費および加工費が高くなり，コスト競争の激しいなかで受注ができず，企業の最大の目的である利益も得られない。

　しかし，無理に工程数を少なくするとトラブルが絶えず，不良品の多発は品質，コストおよび納期のあらゆる面でマイナスとなり信用を失うことになる。工程設定の目安になるのは過去の実績と外部から得られる情報であるが，これに新しい技術や創意工夫を加え，さらにリスクへの挑戦も欠かせない。

　一方，トランスファ加工や順送り型ではプレス機械の仕様，とくにスライドおよびボルスタの面積から必然的に決められることが多い。自動車用大物のパネルなどもプレスラインの台数から制限を受けることも多く，このようなときは理論面でなく，実施面から工程数を制約されることになる。

　過去においてこのような条件から無理な工程設定で加工をし，成功して技術の壁を突破して大きく前進した例も数多い。ここで非常に重要なことは結果に

対する読みと冷静な判断である。多くの課題の中味を，読み切れる部分，ほぼ予測がたてられる部分，まったく読めない部分の三つに分け，あらゆる情報や推論を使って予測することが必要である。

プレス加工の自動化が進み，段取りも合理化され，金型製作も設計の標準化とデータの蓄積，加工面での工作機械の精度向上とNC化などにより昔に比べて楽になっているが，最後まで残る課題がこの工程設定だと思える。

絞り加工の工程設定上の必要事項をつぎに示す。

① 過去の実績のデータ化

絞り率，1回で絞れる限界，リストライクの必要性などを数値またはパターン化する。

② 加工途中のイメージ

加工内容を検討するとき，絞り始め（パンチが材料に当たり始めるとき），絞り途中，絞り終了（下死点），上昇中，の各状況を頭の中で想像する。とくに異形絞りではこれがトラブル対策の決め手である。

③ 材料および金型の立場で加工内容を考える

材料のどこがいじめられてかわいそうかなど。

④ 加工中の材料の動き，流れるようすを想像する

⑤ 多工程絞りの工程ごとの加工バランスと形状

⑥ ダイのコーナー R の形状と大きさ

異形絞りの場合は部分的に異なる。

⑦ 設定した加工工程でうまくいかない場合の次善の対策

金型を修正するか，工程を追加するか，そのとき全体の工程バランスはどうするかなど。

このようなことは一人で考えたのでは限界があり，生産技術，金型設計，トライおよびプレス加工の各担当者が工程設定の打合わせ（レイアウト会議）などを行うとよい。

8.1.2 トライ（試し加工）とその対策

金型製作にはトライ1発OKが理想であるが，絞り加工はむずかしく，どう

してもトライと調整および修正の回数が多くなる。この対策としては1回のトライでいかに多くの問題点を見つけて一度に処理をするかが重要であり，1回目のトライが終わった時点でトライ会議を開き作戦をたてるとよい。

8.2 しわと割れの発生原因と一般的な対策

絞り加工を上手に行うということは，しわの発生と割れの発生の間の条件を見つけ，これを整えることだといえる。たとえばしわの防止対策は割れの発生しやすいほうへ近づけることになり，割れの防止対策はしわの発生しやすいほうへ近づけることになる（表8.1 参照）。

絞り加工の原理を基本である円筒絞りで考えると，図8.1のように軸方向には引っ張りを受け，円周方向には圧縮を受ける。このときの引張り応力が割れにつながり，圧縮応力がしわにつながる（図8.2）。

図8.3に，円筒絞りにおける金型各部の注意事項を示す。

しわと割れはこのようにお互いに逆の関係にあるが，困るのはしわと割れの中間のよい状態がほとんどなく，しわがでるか，割れるかどちらかであったり，両方が同時に発生することである。このような場合は絞り加工の条件そのものをよくしなければならず，つぎの点を検討しなおすとよい。

（1）クッション圧の種類

しわ押さえ圧力としてゴム，ポリウレタン，コイルばねなどを使用している

表8.1 絞り条件としわおよび割れの関係

	割れる	良好	しわがでる
クッション圧	強い		弱い
ダイおよびしわ押さえの面粗さ	粗い		滑らか
ダイ R	小		大
潤滑油の潤滑性	低い		高い
絞り率	小		
絞り速度	速い		
材料の成形性	悪い		

第8章　絞り加工品の不良対策

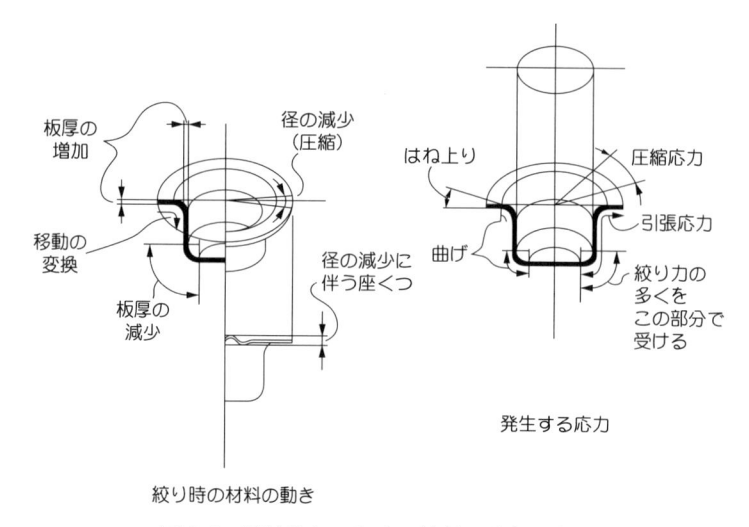

図8.1　円筒絞りにおける材料の動きと応力

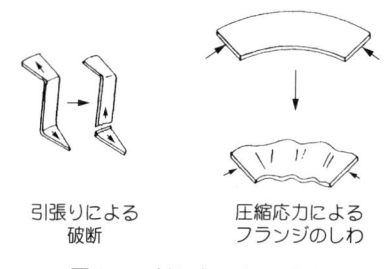

図8.2　割れとしわの発生

と，しわ押さえ圧力の必要な絞り始めが弱く，あまり必要としない絞り終りのころ強くなる。このため深絞りではしわがでて，なおかつ切れるということが起こる。

この対策としてはゴムその他の自由長を長くとり，圧力の変化をゆるやかにするとよく，さらに空圧または油圧のクッションを使用するのが理想である。

（2）　不具合とクッション圧の関係

ゴム，ポリウレタン，ばねなどの端面の平行度不良，曲がり，座くつなど，これらの不具合があると均一なクッション圧が得られない。

8.2 しわと割れの発生原因と一般的な対策

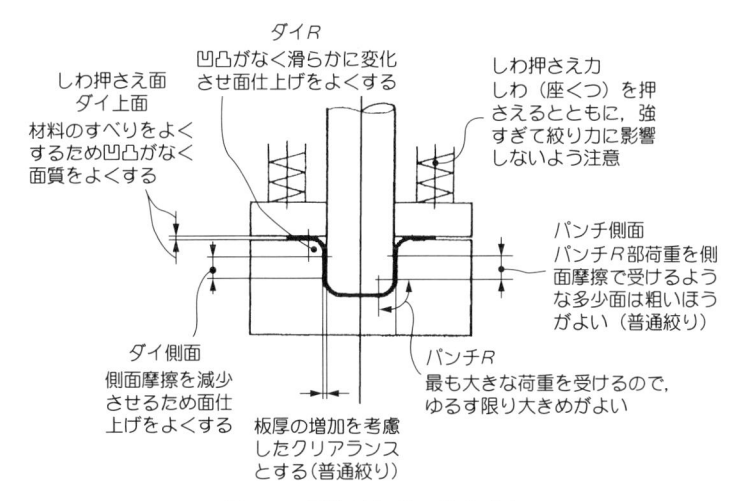

図中ラベル:
- しわ押さえ面 ダイ上面 材料のすべりをよくするため凹凸がなく面質をよくする
- ダイR 凹凸がなく滑らかに変化させ面仕上げをよくする
- しわ押さえ力 しわ（座くつ）を押さえるとともに，強すぎて絞り力に影響しないよう注意
- ダイ側面 側面摩擦を減少させるため面仕上げをよくする
- パンチ側面 パンチR部荷重を側面摩擦で受けるような多少面は粗いほうがよい（普通絞り）
- パンチR 最も大きな荷重を受けるので，ゆるす限り大きめがよい
- 板厚の増加を考慮したクリアランスとする（普通絞り）

図8.3 円筒絞り型の注意事項

（3）クッションピンの不揃い（図8.4参照）

クッションピンの長さが不揃いな場合，いくらクッション圧を上げても部分的なしわが止まらず，クッション圧を強くするとほかの部分で割れる。

クッションピンと合わせてダイクッション上面の平行度も重要であり，この二つの総合精度が必要である。また，クッションピンの作動不良も合わせて調べる必要がある。

（4）ダイとしわ押さえ（ブランクホルダ）の平行度不良（図8.5参照）

金型そのものの平行度，プレス機械のスライド下面とボルスタ上面の平行度，金型の取付け時の平行度などが悪いと部分的なしわと割れが防止できない。し

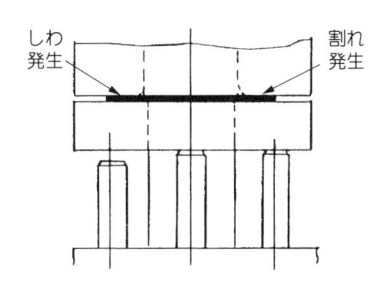

図8.4 ダイとしわ押さえの平行度不良によるしわと割れの発生

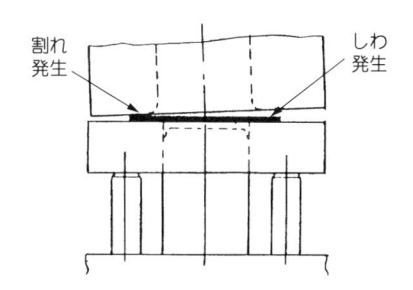

図8.5 クッションピンの不揃いによるしわと割れの発生

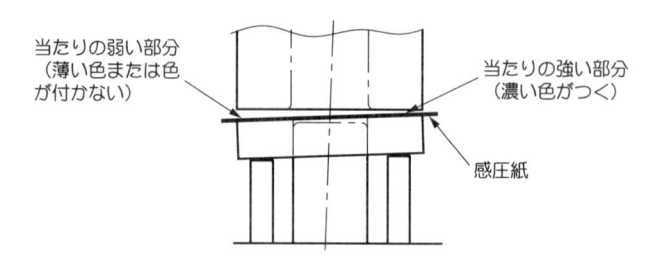

図8.6 感圧紙によるダイとしわ押さえの圧力の差を確認する

わ押さえの部分的な強さの差は，感圧紙で確認するとよい（図8.6）。

（5） 絞り速度

深絞り加工では材料によって絞り速度の限界があり，鋼板に比べステンレスなどは絞り速度を遅くする必要がある。とくにクランクプレスなどの機械プレスはストローク位置によってスライドの速度が変化し，高い位置では速くなるので注意が必要である。

（6） ブランクのバリ，その他

ブランクにバリがあるとその部分だけ強く押さえられ，その部分が割れるか，他の部分にしわがでる（図8.7）。このためブランクのバリ，反りなどには注意をして，バリのひどいものはバリをとってから使用する。

（7） 材料の成形性

材料の種類によっては成形性の悪いものがあり，材料費の節減をねらってこれらの材料を使用するとトラブルが絶えない。一般に冷間圧延鋼板に比べて熱間圧延鋼板や溶融亜鉛めっきをした材料は絞り性が悪い。

対策としては簡単な円筒絞り型を作り，手動または小型の油圧プレスで実験や受入れ検査をするとよい。これは実際の加工が異形絞りであっても適用できる。

（8） 絞り率

1回の加工で，どの程度まで加工できるかの限界は素材，金型製作，プレス機

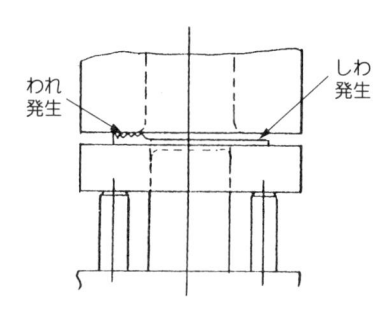

図8.7 ブランクのバリによるしわと割れの発生

械，その他の設備および加工技術などの進歩によって年々よくなっている。逆にこれらの条件が異なる企業ごとに限界は異なり，技術の進んでいる企業ほど絞り率は小さくできる。

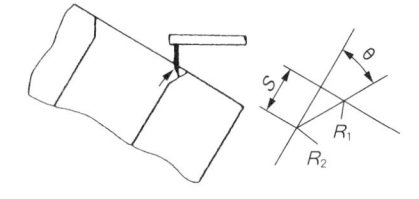

図 8.8 輪郭形状測定機での測定例

しかし，条件が整わないのに絞り率を無理に小さくするのはトラブルの元であり避けるべきである．とくに順送り加工の場合はゆとりをもった工程設定が望ましい．

（9）金型の精度

金型製作における設計基準，表面粗さ，ダイコーナー部の形状，クリアランスなどの多くは担当者にまかされており，「そのつど適当に処理」されている例が多い．

金型加工の標準化，できばえの測定などは欠かせない．とくに精度の高い小物のダイのコーナー部の形状測定では輪郭形状測定機が効果的であり，導入する例が増えている（図 8.8 参照）．

8.3 円筒絞り

8.3.1 しわ

（1）フランジの全周にしわがでる（図 8.9 参照）

フランジの全周にでるしわは標準的なものであり，つぎのような基本を守ることによってほぼ解決できる．

① クッション圧を強くする．
② クッションをゴムまたはばねなどから空圧または油圧に変える．
③ 絞り油を粘性の低いものに変えるか量を少なくする．

（2）フランジの一部にしわがでる（図 8.10 参照）

フランジ全周ではなく，一部にしわがでるのは何らかのアンバランスが生じ

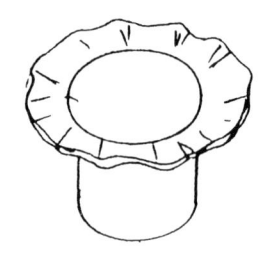

図 8.9　フランジ全周に
　　　でるしわ

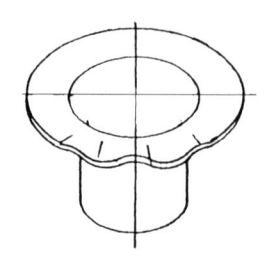

図 8.10　フランジの一部
　　　にでるしわ

ているためであり，その原因を追及して解決する．主な原因としてはつぎの事項が考えられ，これらについて対策をとればよい．

① クッションピンの長さの不揃いおよび作動不良
② ダイとしわ押さえの平行度不良
③ クッション用ばねの両端の平行度不良，曲がりなど
④ ブランクのバリまたは反り
⑤ ダイまたはダイクッションの表面のきず，コーナー R 部のバランスの悪さ

8.3.2　割れ

（1）　底が抜ける（図 8.11 参照）

割れのなかのもっとも典型的な例であり，大部分の割れは底の部分の R の終り（側壁部との接線）部分で横に割れる．これは絞りの始めから終りまでこの部分にもっとも大きな引張り応力が作用しつづけるためであり，この力をやわらげる方法を考えればよい．

主な要因としてはつぎの事項が考えられ，これらについて対策をたてればよい．

① 絞り率が小さい

材質，板厚，対ブランク直径，絞り工程などに応じた絞り率とする．

② クッション圧が強い
③ クッション圧が不適当（ばね定数，たわみ量

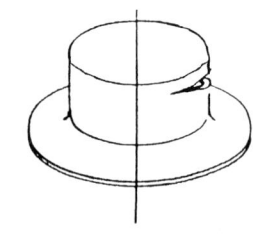

図 8.11　底が抜ける

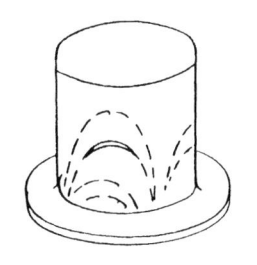

図 8.12　側壁の円弧状の割れ 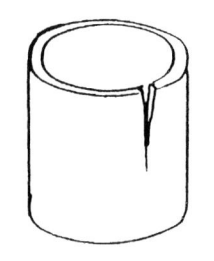　　図 8.13　側壁がたてに割れる

など）
④　ダイおよびしわ押さえの面が粗い
⑤　ダイおよびパンチのコーナー R が小さい
⑥　絞り速度が速い
⑦　しわ押さえのクッションの種類が不適当
⑧　絞り油の潤滑性が悪い。絞り性のよいものに変える

（2）　側壁部が円弧状に割れる（図 8.12 参照）

側壁部が円弧状に割れるのは，圧延時に材料のなかに不純物が入り，これがロール目に沿って内部に残っているためである。偶然に混入したものでなく，混入率が高い場合は材料ロット全体を不良品として処分しないと後で問題を起こす危険がある。また，圧延時のロールきずやロール目がいちじるしい場合にも発生することがある。

（3）　側壁部がたてに割れる（図 8.13 参照）

置き割れ，遅れ割れなどとも呼ばれており，プレス加工後しばらくして割れたり，低温でショックを与えるとたてに割れる。とくに黄銅の場合発生しやすく，このほか黄銅以外の銅合金，アルミニウム合金，ステンレスなどでも発生することがある。

対策としては絞り条件をゆるくして絞り，しごき加工を加えるのもよいが，加工後に焼鈍しを行うのがもっとも安全である。

8.3.3　形状不良

（1）　開口部に4箇所高い部分ができる（図8.14）
（2）　フランジ部が円形でなく四角形に近い形状となる

　いずれも耳または方向耳と呼ばれるもので材料の異方性（ロール目など）が原因である。絞り加工上での対策としては，ブランクの形状を変える，しわ押さえの当たりの強さを変えるなどがある（図8.15）。材料の圧延段階でロール目の影響を少なくすることが必要であり，これが不可能な場合は絞り加工後縁切り（トリミング）で取り去る。

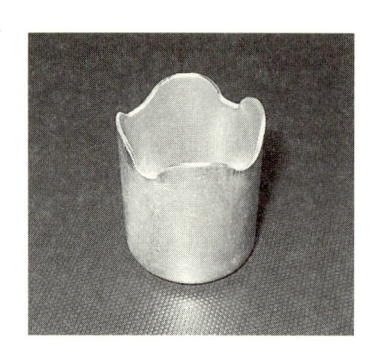

図8.14　開口部の凹凸とフランジの四辺形

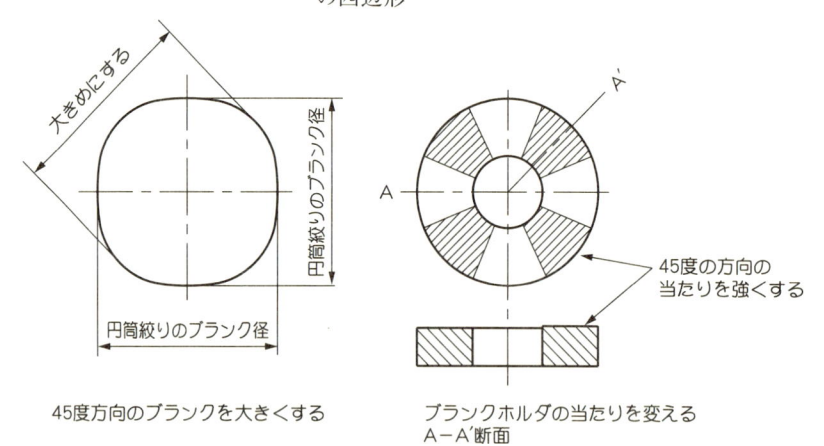

45度方向のブランクを大きくする

ブランクホルダの当たりを変える
A-A'断面

図8.15　方向耳対策と真円度向上対策

8.3 円筒絞り

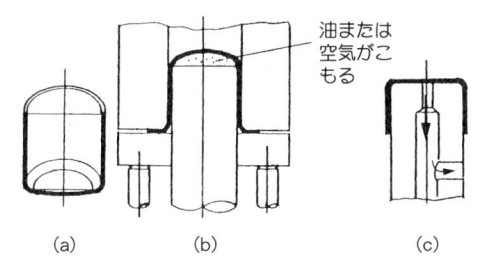

図 8.16 底がふくらむ原因と対策

多工程絞りの場合，これが原因でストリップ，位置決めなどに問題がある場合は，中間でも縁切りをするか，フランジを残しておくとよい。

このほかしわ押さえが薄く，クッションピンの部分が伸ばされ多角形状になることもある。

（3） 底の部分がふくらみ，平坦にならない（図 8.16(a)参照）

底の部分が凸状にふくらみ，平坦にならない原因と対策はつぎのとおりである。

① パンチと製品の間に残った油または空気が圧縮されて材料を押し上げる（図 8.16(b)参照）。

対策としては，パンチに空気抜きの穴をあければよい（図 8.16(c)参照）。

② 絞り工程のパンチ R と位置不良

各絞り工程において，底の部分の直線部は常に前工程が長くなければならず，パンチの R もそのように設定しなければならない。これが逆になると材料が余り，これがふくらみとなる（図 8.17 参照）。

この図で，L_1 は L_2 より長くなければならない。とくに多工程の深絞りなどの後工程やリストライク（成形）工程とその前の絞りなどのパンチ R とその位置は注意を要する。

③ 絞り高さのアンバランス

前工程と後工程の絞り高さのバランスが悪く，絞り部分の材料が余ると底の部分を引っ張らない。とくに最終行程での絞りやリスト

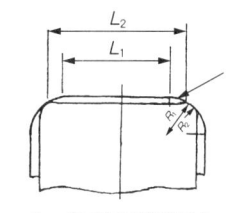

L_1：前工程の直線長さ
R_1：前工程の R
L_2：後工程の直線長さ
R_2：後工程の R

図 8.17 工程間の R の位置と直線長さ（悪い例）

ライクではわずかに材料を引っ張るように高さを調整する。

④ 底の面押しが弱い

最終絞りやリストライクでは，ノックアウトで底付きをするとよい。

(4) 底の部分がへこみ，平坦にならない（図8.18(a)参照）

底の部分がへこむのは，大部分前項で述べた底がふくらんでいるのを最終行程で強く面押しした結果である。ふくらみ対策が必要であり，これで解決する例が多い。

その他の原因としては，

① スライドが上昇時に内部が真空になりへこむ（図8.18(b)参照）

対策としては，パンチに空気穴をあければよい。

② ダイに強く食いついている製品を無理にノックアウトする

対策としては，食い付きを弱めるためにクリアランスを大きくする。ダイのRを故意に小さくする，などが有効である。

③ 製品とノックアウトの間の油が逃げず，油を介して面押しをする

対策としては，粘性の低い絞り油を用いる，ノックアウトの周辺に切込みをつけて油を逃がすなどがある。

(5) 縁の部分が斜めになる（図8.19参照）

縁の部分が傾く原因と対策は，つぎのとおりである。

① ブランクの位置決め不良

ブランクが絞りパンチに対してずれて置かれており，この心を正しく合わせる。

② クリアランスの片寄り

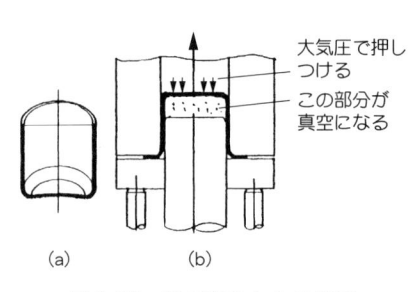

図8.18　底の凹みとその原因

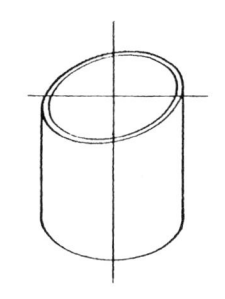

図8.19　縁が斜めになる

パンチとダイのクリアランスを均一にするため心合わせを正しく行う。

③ しわ押さえとダイの平行度不良

しわ押さえ圧のバランスが悪く材料の流れ込みが異なる。

対策としては，クッションピンの長さを均一にするなどのほか，1項（しわ）のフランジの一部にしわがでる場合の対策に準ずる。

8.3.4 板厚の不均一

（1） 絞り側壁部の板厚がテーパ状になる（図8.20参照）

絞り加工後開口部（縁の部分）やフランジ部の板厚が素材厚さより厚くなり，底に近い部分で薄くなって全体がテーパ状になるのは自然な現象である。縁に近い部分が厚くなるのは材料が円周方向に圧縮されるためであり，底に近い部分で薄くなるのは引張りにより伸ばされるためである。

これを均一にするにはクリアランスを板厚より小さくして，全体にしごきを加える必要がある（図8.21）。多工程絞りの場合しごきは各工程で加えるのではなく，限定した工程で行うとよい。

また，絞り率を大きめにしてダイのRを$2t$程度と極端に小さくして第1絞りを行っても全体を薄くできる。

（2） 板厚の不均一（図8.22(a)参照）

板厚の不均一（偏肉）はクリアランスの片寄り，途中工程での材料の傾きなどが主な原因であり，プレス機械の精度，金型段取り時の心合わせに注意する。ま

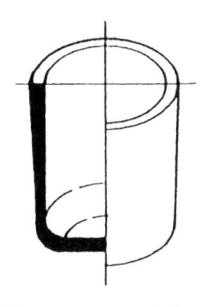

図8.20 テーパ状の側壁板厚

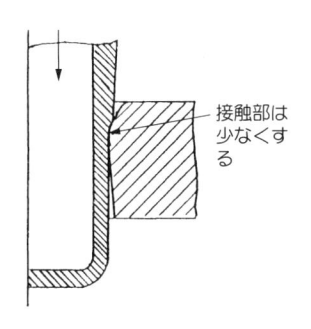

図8.21 しごきによる側壁部の肉厚の均一化

（接触部は少なくする）

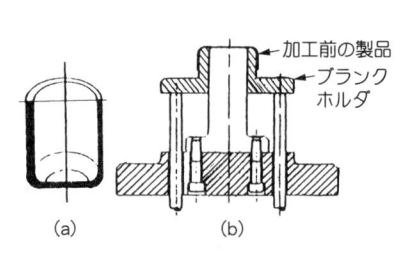

図 8.22　偏肉と途中工程でのガイド

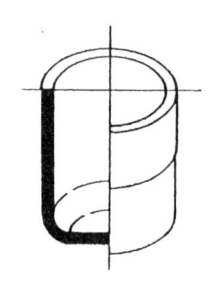

図 8.23　側壁部に段差ができる

た途中工程での傾き対策はブランクホルダでガイドするとよい（図 8.22(b)参照）。

（3）側壁部に段差ができる（図 8.23 参照）

原因としてはプレス機械のブレークスルー，仕事能力不足による加工速度の変化，しごきによる伸びなどが考えられる。

対策としては，プレス機械はブレークスルーが小さく仕事能力に余裕のある機械を選ぶことと，しごき抵抗を少なくすることがあげられる（図 8.21 参照）。

8.3.5　寸法不良

（1）絞り高さが安定しない

絞り高さが安定しない場合は，つぎの事項が考えられる。

① フランジの平坦度不良（図 8.24(a)参照）

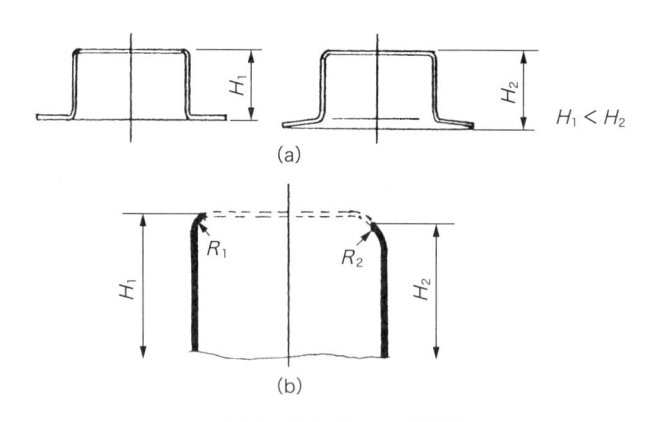

図 8.24　絞り高さの変化例

② 底部のふくらみ

③ プレス機械の下死点位置のばらつき

④ 順送り加工，トランスファ加工で最終ステージまで半製品が入っていない初期の製品は高くなる

⑤ 内径に近い穴あけをした場合，R の不均一と穴あけの偏心（図 8.24(b) 参照）

絞り後バーリングをして円筒にする場合も同様である。

（2） 真円度が悪く絞り径が安定しない（図 8.25 参照）

絞り加工におけるスプリングバックが原因であり，板厚に比べて絞り径が大きい場合に発生しやすい。対策としてはつぎのような方法が考えられる。

① しごきを加える。

② 材料をやわらかいものに変えるか，焼鈍をする。

③ リストライクで面押しを強く行う。

④ フランジをつけて加工し，トリミングをする。

⑤ 製品の形状変更をして小さなフランジをつけたり，底に円形のビードをつける（図 8.26 参照）。

（3） 底に近い部分の内径がプラスする

深絞り加工で板厚に比べて絞り直径が比較的小さい場合（$D<20\,t$），底の部

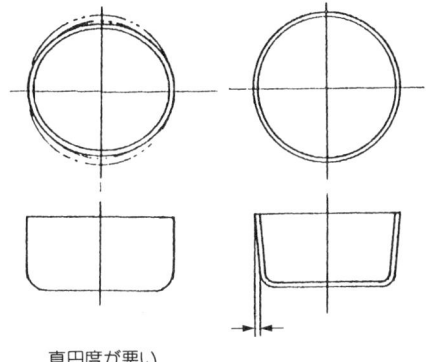

真円度が悪い
（ゆがむ）

底部と縁の径が同一にならない

図 8.25 絞り直径の寸法不良

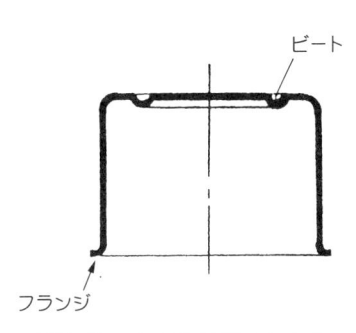

図 8.26 ゆがみ対策のための形状変更例

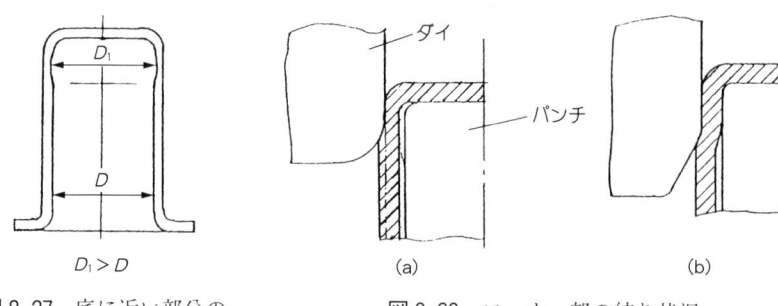

図 8.27 底に近い部分の内径プラス　$D_1 > D$

図 8.28 コーナー部の絞り状況

分の内径が開口部より大きくなり，この部分の板厚がマイナスすることが多い（図 8.27 参照）。

この原因と対策は次のとおりである。

① 前工程（1～数工程前まで）のコーナー R の部分で板厚が減少し，この部分が側壁となった部分がプラスする

対策は，絞り条件の改善など割れ対策の応用である。

② 絞り直径が板厚に比べて小さく，絞り率が大きくなると絞るための曲げる力がしごく力より大きくなり，絞られず，しごかれてしまう（図 8.28(a) 参照）

この対策としてはダイの R を大きくする，R でなくテーパ状にする（図 8.28(b)），などのほか，製品形状で許されるならパンチ R を大きくするとよい。とくに絞りダイの直径が前工程の絞りの内径より大きな場合は要注意である。

8.3.6 きずおよび外観不良

（1） 絞り側壁部にリング状の凹みがつく（図 8.29 参照）

絞り加工品の側壁部にリング状の凹みがつくのは，ショックマーク（ショックライン）と呼ばれるもので，ブランクにダイが当たった瞬間のショックで生じる。したがって対策としては，

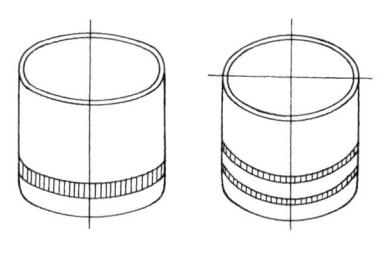

図 8.29 ショックマーク

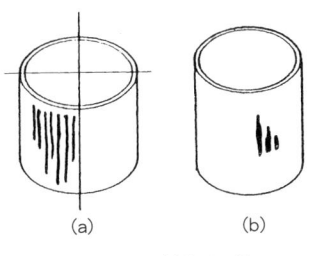

図 8.30　絞りきず

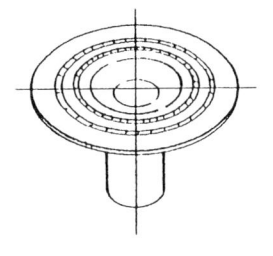

図 8.31　同心円のリング状マーク

次の二つが考えられる。
① 絞り速度，とくにダイが材料に当たる瞬間の速度を遅くする。
② ダイの R を大きくする。

底の部分からやや離れた位置に表われるショックマークは，前工程の絞り加工時に生じたものであり，前工程のショックマーク対策とコーナー R 部の板厚減少対策が必要である。

（2）　たてきず（絞りきず）がつく（図 8.30 参照）

たてきず（絞りきず）は，製品外径とダイの間での軽いかじりや焼付きによるものであり，ひどくなるとむしり取ったようになる（図 8.30(b) 参照）。

対策としてはダイの表面仕上げをよくする，ダイに表面硬化処理をする，ダイの側壁部を逃がす，材料に適した潤滑性のよい絞り油を多く使用する，はく離したバリおよびごみなどの付着を防ぐ，などがある。

（3）　フランジ部にリング状のマークが残る（図 8.31 参照）

フランジに同心円でリング状のマークが残るのは，絞り工程でのダイのコーナー R 部の板厚減少のためである。とくにフランジの面積が大きく，絞り工程が多い場合で，各工程ごとにフランジを平打ちしながら加工する場合に生じやすい。対策としては，
① 各工程のダイの R を大きくする。
② ダイの R は凸部のないよう滑らかにつなぐ（図 8.32(a) 参照）。
③ 各工程の R は滑らかに積み上げるようにつなぐ（図 8.32(b) 参照）。
④ 各工程で必要以上にフランジを平打ちしない。

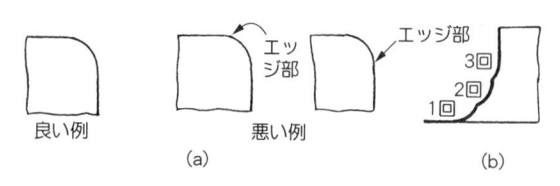

良い例 (a) 悪い例　エッジ部　エッジ部 3回 2回 1回 (b)

図 8.32　リング状きずの対策

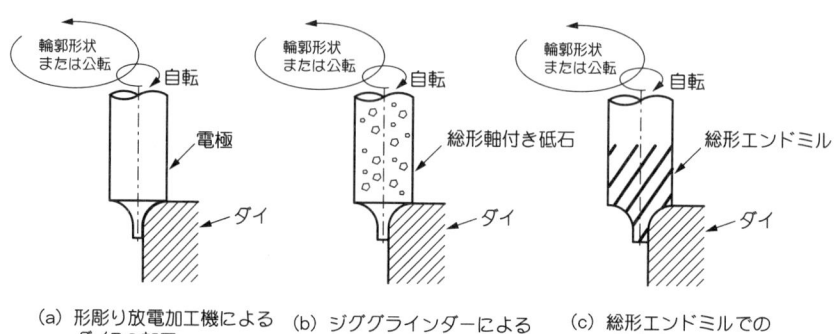

(a) 形彫り放電加工機によるダイRの加工　(b) ジググラインダーによるダイRの加工　(c) 総形エンドミルでのダイR加工

図 8.33　放電形彫り盤およびジググラインダーでのダイ R の加工

などがあり，この中で②と③が重要である。

ダイ R を高精度に加工するには，図 8.33 のような方法がある。

（4）側壁部の肌荒れ（図 8.34 参照）

側壁部が滑らかなみがいたような面でなく，オレンジの皮のようになるのは引張りによるものであり，対策としては，

① ダイの R を大きくする。

② 絞り率を大きくするなどは，割れ対策の事項に準ずる。

③ クリアランスを小さくし，しごきに加える。

などが，有効である。

（5）きずおよび打痕がつく

とくに順送り型などで下向き絞りを行ったときに発生しやすく，上向き絞りではフランジに発生しやすい。原因は，材料のスリッターばりおよび抜き部のばり，2次せん断部のタングのはく離したものな

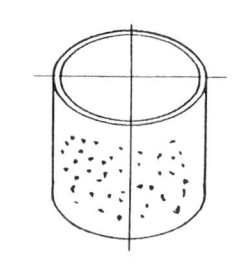

図 8.34　表面の肌荒れ

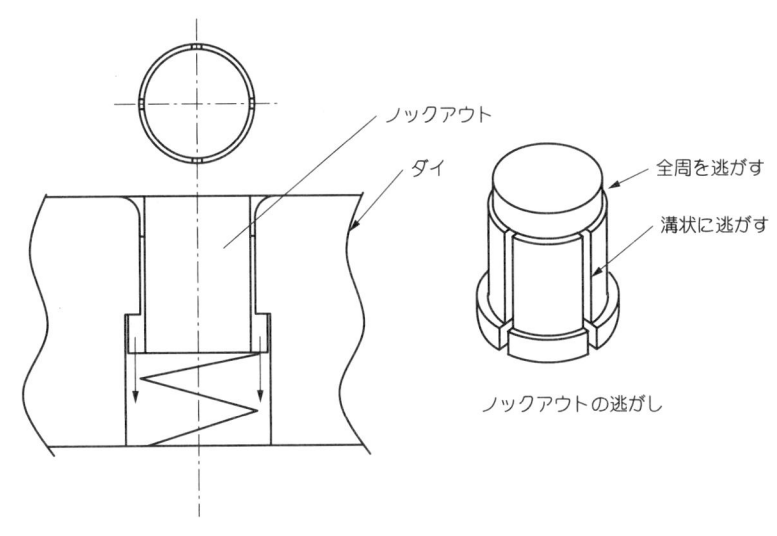

図 8.35 ノックアウトの溝で絞り油を下へ流す

どが下型のノックアウト上に残るためであり，黄銅，ステンレス，表面処理鋼板などの素材で多く発生する。

対策としては抜き部のバリ対策が重要であるが，絞り工程としては下記の対策が有効である。

① 加工上必要のない金型の面を逃がし，接触部分を少なくする（とくにランス部など）。

② 粘性の低い絞り油（水溶性絞り油などがよい）を多量に用い，ノックアウトの外周を逃して下方へ洗い流す（図 8.35）。

③ ダイブシュをダイプレート上面より高くする。

8.4 角筒絞り

8.4.1 しわおよび割れ

角筒絞りのコーナー部は円筒絞りの一部（1/4），直線部は U 曲げと考え，

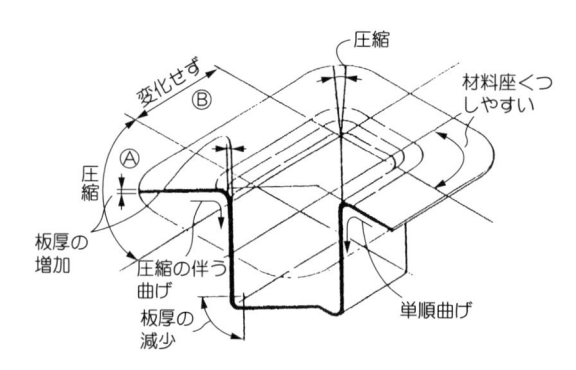

図8.36 角絞りの材料の動き（概念）

これを組み合わせたものだと考えるとわかりやすい。このときの材料の流れは図8.36のようになる。

一般にコーナーR部は材料が流れ込みにくいため割れやすく，これに比べて直線部は流れ込みやすく，しわが発生しやすい。このため円筒絞りと異なり，しわと割れが同時に発生し，クッション圧の調節，潤滑方式など全周に同じ影響がある画一的な方法では解決しない。

これは割れに対しても同様である。角筒絞りでしわと割れを発生させずに絞る基本は，コーナー部と直線部の材料の流れ込み条件を同一にすることであり，具体的にはつぎのような方法が行われている。

① ダイのクリアランスは直線部を板厚と同一にし，コーナー部を10～15%大きくする。

② コーナー部のダイR（絞り込み用R）は直線部より大きくして，これらを滑らかにつなぐ。

③ 直線部は材料の抵抗を大きくし，コーナー部は流れ込みやすくするため，しわ押さえの当たりを変える（図8.37(a)）。コーナー部は当たりを弱くするため逃がす。

④ コーナー部は抵抗を弱くするため，ブランクを直線部より小さくする。逆に直線部は大きめとする（図8.37(b)参照）。

⑤ 製品が大きく，直線部の材料の流れ込みを押さえるのが難しい場合は，絞りビードをつける（図8.37(c)参照）。

8.4 角筒絞り

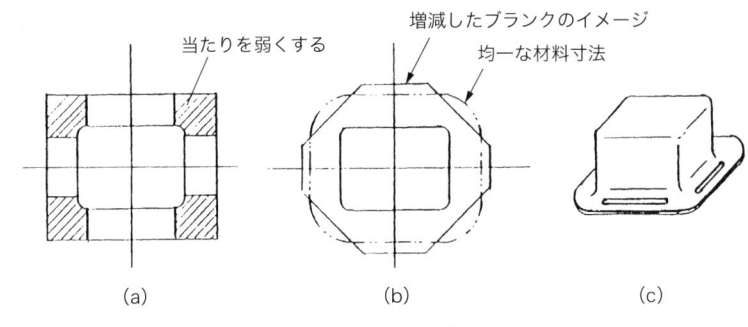

(a) 当たりを弱くする　(b) 増減したブランクのイメージ／均一な材料寸法　(c)

図 8.37　材料の流れ込みを均一にする方法

⑥ 製品の四隅のコーナー R を大きくする。

角筒絞りの困難さは四隅のコーナー R の大きさに反比例し，この R が大きくなるほど容易になる。このため製品設計段階でできるだけ R を大きくする。

8.4.2　しわと割れの現象と対策

（1）　コーナー部にしわが発生する（図 8.38 参照）

直線部の抵抗が弱すぎるため早く流れ込み，余った材料がコーナー部へ寄せられる。これがしわになる。対策としては前項で述べた直線部の抵抗を大きくする対策をとるとよい。

（2）　ほぼ全周に弱いしわが残る

多工程の場合は，第 2 絞り以降にもブランクホルダを入れる。またリストライクで強く面押しをするのも有効である。

（3）　フランジなしの角筒絞りの四隅にしわがでる（図 8.39 参照）

原因としてはダイ R が大きい，クリアランスが大きい，などがあげられるが，これを直したとき，割れが生じる場合はフランジをつけて加工し，トリミングをするとよい。

（4）　直線部にしわがでる（図 8.40 参照）

直線部のしわもダイ R とクリアランスが主な原因であるが，ブランクを大きく（円に近く）するとよい。しかし，最も信頼性があるのはフランジをつけて加工し，トリミングすることである。

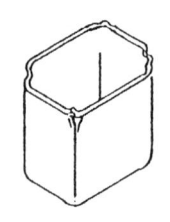

図 8.38　コーナー部のしわ　　　図 8.39　フランジなしのコーナー部しわ　　　図 8.40　直線部のしわ

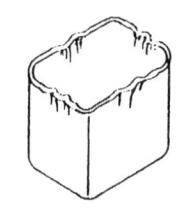

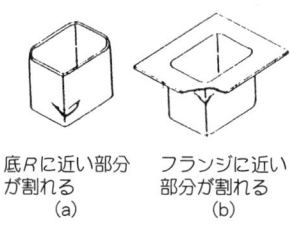

図 8.41　コーナー部の割れ
(a) 底Rに近い部分が割れる
(b) フランジに近い部分が割れる

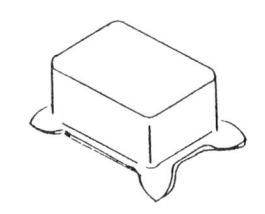

図 8.42　長方形のブランクからの絞り

（5）　コーナー部が三日月形に割れる（図 8.41 参照）

角筒絞りにおける典型的な割れであり，大部分はこのように割れる。底のほうに近い割れはパンチ R が小さい，加工速度が速い，クリアランスが小さいなどの場合に生じるが，大部分は終りに近い部分で発生する。

対策としてはコーナー部のダイ R を大きくする，コーナー部のしわ押さえを逃がして弱くする，この部分のブランクを必要最小限に小さくする，直線部の抵抗を大きくしてクッション圧を下げる，などがある。

大物の角筒絞り（一辺が板厚の 200 倍程度以上）の場合で，直線部に絞りビートをつけない場合は，ブランクの四隅をカットしない長方形のほうが割れは発生しにくい（図 8.42 参照）。

8.4.3　キャンニング（ペコつき）

（1）　底のペコつき（図 8.43 参照）

底が凸状になったり，凹状になったりペコペコするのは底部のたるみと残留応力のためであり，つぎのような対策が考えられる。

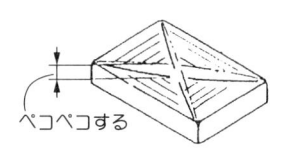

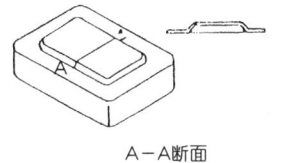

図8.43　底のペコつき　　　　図8.44　底部のペコつき防止

① 絞り始めのとき，ノックアウトで底部を押さえ，その状態で絞る。
　パンチの平面部に材料が密着しない状態で加工されるため底部がふくれた状態で加工されるのを防ぐ。しかし，この方法は板厚が薄い場合，上型の上昇時にブランクホルダ（ストリッパ）とノックアウトで圧縮し，変形させるためノックアウトをキラーピンで押し下げたり，大物絞りではダイクッションにロッキング装置が必要になる。また，ノックアウトの面がダイの面より出ていることも必要である。

② 絞りビートをつけ，材料の流れ込みのバランスをとる。
③ リストライクで平打ちをする。
④ 多工程の場合は各工程とも材料を引張りぎみにする。
⑤ 製品形状で許される場合は底部を凸状または凹状の段差をつける（図8.44参照）。

（2）　直線部側壁のペコつき（図8.45参照）
　直線部側壁のペコつきは，コーナー部の材料が直線部に流れ込み，肉余りを生じているためである。対策はクリアランスを小さくする，直線部の抵抗を大きくして引っ張る，材料を軟質材に変える，2工程以上の場合は各工程の形状のバランスをとり，均一に引張りが働くようにする，などが有効である。

（3）　浅い製品がねじれる（図8.46参照）
　浅い角絞りで対角線方向にペコつきを生じ，平坦にならないのは絞り条件の不均一さが原因であり，クリアランス，ダイR，ダイとブランクホルダの平行度，パンチとノックアウトの平行度などを均一にするとよい。
　そのうえで，さらにこの現象が残るのは材料のわん曲，ロール目，残留応力などのためであり，ブランクを平坦にする，材料を軟質材に変える，製品の底

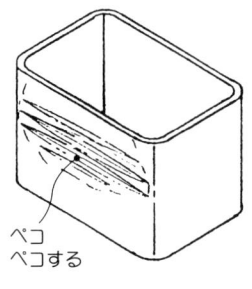

図 8.45　側壁のペコつき　　　図 8.46　ねじれ

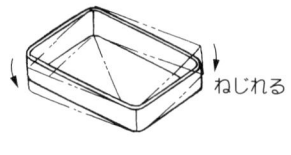

部を凸状にする（または凹状にする）などが必要になる。

8.4.4　ゆがみ，変形ほか

（1）　側面が内側にへこむ（図 8.47 参照）

開口部またはフランジに近い側壁部が内側にへこむのは，直線部の抵抗が弱いためである。

対策としては，製品が比較的小さな場合はしわ押さえの当たり面の調節などで調整できるが，製品が大きな場合は絞りビードが必要になる。

（2）　底がへこむ（図 8.48 参照）

角筒絞りで，底が平坦にならない原因と対策は，ほぼ円筒絞りに準ずる。その他パンチ R が直線部とコーナー部で異なるのを，リストライクで一定にしようとすると材料が直線部で余り，これをノックアウトで平押ししてへこむことがある。

この対策として，最終絞りとリストライクのパンチ R を同一にする必要がある。

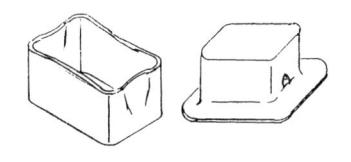

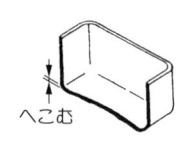

図 8.47　側面のへこみ　　図 8.48　底部のへこみ　　図 8.49　側面の反り

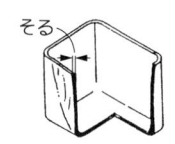

（3） 側面が反る（図 8.49 参照）

側面が外側へ反るのはスプリングバックのためであり，クリアランスを小さくし，しごきを加える，工程間の形状バランスをとり周長の変化を少なくする，軟質材を用いる，リストライクで軸方向に引張りを加える，などが効果的である。

8.5　異形絞り

8.5.1　異形絞りのトラブル対策

異形絞りは理論的に解析し，一般的な方法で対策をとることがむずかしく，それぞれの製品および加工分野での永年の経験と実績，絶えることなく繰り返されるトライアンドエラーなどによって解決されている例が圧倒的に多い。

このため異形絞りではトライ，調整および修正などをいかに少なくするかが大きな問題である。

自動車のパネルなどの金型製作では，これらの費用が全コストの 40% 以上を占めるといった例も多い。

異形絞りのトラブル対策を理論的に解決する方法としてつぎの三つが考えられる。

① 有限要素法を用いて解決をする（一般にはコンピュータが用いられる）。
② 過去の膨大な実績をデータ化し，これを元に解析をする。
③ コンピュータ内でのシミュレーション。

コンピュータ内に構築した金型と材料で仮の絞り加工を行い，その動向を確認する。大手自動車メーカーでは研究が進んでおり，パソコンレベルでも AI（人工知脳）を用いたエキスパートシステムが実用化されている。

この場合も勝負を決めるのは，各社の経験に基づく考え方のプロセスと判断基準の整理である。

異形絞りのトラブル対策の基本事項は，つぎのとおりである（表 8.2）。

第8章 絞り加工品の不良対策

表 8.2　異形絞りのポイント

分類	項　目	内　　容
製品図の検討	機能	機能上重要な部分、優先すべき形状、寸法
製品図の検討	形状	形状変更可能な部分と変更後の形状
製品図の検討	たるみ対策	捨てる部分または機能上さしつかえない部分での材料の吸収
製品図の検討	絞り方向	重要部分の優先と全体の絞りバランス（深さ均一化）
製品図の検討	ダイフェースのバランス	ダイフェースの単純化と左右のバランス
製品図の検討	位置ずれ	加工途中の材料の横移動対策
工程設計	プレス機械、装置	プレス機械および装置の能力、仕様と金型仕様
工程設計	生産予定数と生産方法	生産数に合せた金型のグレードと自動化レベル
工程設計	過去の類似品との相関	過去に生産した類似製品の問題点とその解決法の検討
工程設計	シミュレーション	金型製作、段取り、プレス加工などについてシミュレーションをする。具体的な方法がない場合は頭の中で想像する。
パンチ・ダイ・ブランクホルダなど	ダイとブランクホルダの当たり	ダイとブランクホルダの面の均一な当たりおよび内壁と外部の当たりのバランス
パンチ・ダイ・ブランクホルダなど	ダイR	部分的な形状に合わせたダイRの大きさ
パンチ・ダイ・ブランクホルダなど	絞りビード	絞りビード部の使用の有無とビードの種類、寸法
パンチ・ダイ・ブランクホルダなど	クリアランス	側壁部のクリアランスとパンチ、ダイの全面のクリアランス
パンチ・ダイ・ブランクホルダなど	段絞り	段絞りを行う場合の各部分の滑り込みバランス
パンチ・ダイ・ブランクホルダなど	ブランクの滑り込み	各部分のブランクの滑り込みのしわ、たるみなどのバランス
パンチ・ダイ・ブランクホルダなど	加工途中での材料	加工途中での材料のしわ、たるみなどの発生
パンチ・ダイ・ブランクホルダなど	トリムライン	トリミング工程が必要な場合は部品形状とトリムライン
クッション	プレス機械の種類	単動プレスまたは複動プレス、その他
クッション	クッションの種類と能力	油圧、空油圧、空圧などの別とクッション圧の能力およびロッキング装置の有無
クッション	クッションの作動	偏心荷重のないこと
クッション	クッションピンのすわりほか	クッションピンの長さとばらつき、端部の変形、位置および本数
クッション	押さえのがた	ボルスタ、金型とのがた合
金型材の磨耗・きずの対策	型材質	鋳鉄、鋳鋼、特殊鋼などの別
金型材の磨耗・きずの対策	肉盛り	溶接による肉盛りの部分、材質、厚さなど
金型材の磨耗・きずの対策	部分組込み	特殊鋼を部分的に組込む場合の材質、形状、固定方法など
金型材の磨耗・きずの対策	分割総焼入れ	絞りダイを分割し、総焼入れする場合の型材質、加工方法および熱処理の方法など
金型材の磨耗・きずの対策	表面処理	クロムめっき、TD処理、その他の表面硬化法
ブランク	材料歩留り	ブランク形状余肉の量、トリミングしろなど
ブランク	形状および寸法	ブランク抜き工程の有無と形状
ブランク	バリ	切断またはブランク抜きのバリの程度
ブランク	材質	材料の絞り性、ばらつきの程度
ブランク	スキンパススロール	スキンパススロールの方法と加工後の時間
潤滑	工作油（絞り油）の種類	加工性および経済性から考えた工作油の種類
潤滑	潤滑法	片面潤滑、両面潤滑、部分潤滑など
潤滑	塗布方法	ブラシ、刷毛、ウェス、噴霧、自動塗布など

（1） 工程設定

絞り回数の設定であり，予備成形（ラフ絞り）の必要性とその回数，リストライクの必要性など。

（2） 各工程の形状寸法

異形絞り部分のボリュームのバランス，部分的な材料の移動のバランスなど。

（3） 加工過程

絞り加工が進む途中で，材料はどのような動きと金型との接触状況を示すか，設計段階でこれを頭に描くのが設計者の能力であり，トラブル対策に効果的である。実際の場ではストロークを変えたサンプルを並べて調べるとわかりやすい。

このような方法で調べると，加工の終った製品が比較的きれいにできていても，加工過程では部分的にしわ，たるみ，反り，ゆがみ，などが生じ，これが下死点付近で修正されている例が多く，潜在的なトラブルの原因がよくわかる。

（4） 金型構造と形状

ダイフェース面，絞り方向，余肉のつけ方，段絞りの必要性，たるみ部の吸収方法，製品の位置決めと取出し方法，摩耗対策，その他，これら異形絞りのポイントを表8.2に示す。

8.5.2 しわおよび割れ

異形絞りの不具合の発生例を（図8.50）に示す。工程設定および金型設計段階でこのような部分的な不具合発生状況を調べ，これらに対する対策を前工程，さらにその前工程で処置することを考えるとよい。

（1） 部分的にフランジの残らない製品のしわ

絞り終わった状態で部分的にフランジのない製品は，その部分が加工途中でしわ押さえから外れ，この部分の材料が自由に流れ込み，全体の形状が変わるほか，しわ，たるみなどを生じやすい（図8.51）。このような場合は，この部分に余肉をつけて加工し，後工程でトリミングをするとよい。

（2） 凸部の間に細長いしわがでる（図8.52参照）

凸部と凸部の間に細長いしわがでるのは，この二つの凸部に引っ張られ，横方向から材料が流れ込んだためである。

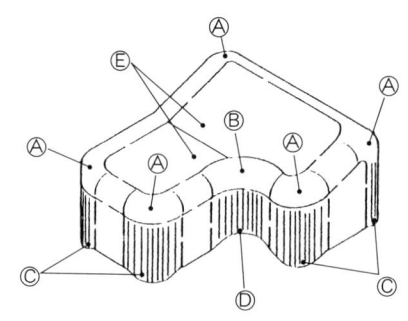

Ⓐ：張出しによる板厚減少または割れ
Ⓑ：肉余りによるしわまたは部分的な盛り上り
Ⓒ：肉余りによるふくらみとしわ
Ⓓ：張出しによる引けと割れ
Ⓔ：肉余りによる平坦度不良

図8.50　異形絞りの不具合発生例

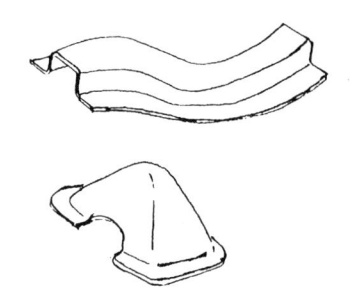

図8.51　一部が切れている製品の例

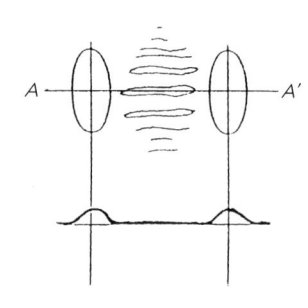

図8.52　凸部間のしわ

対策としては引張り力を弱めるような形状と工程を考える必要があり，予備成形で材料のボリュームを確保することを考える。また，しわと直角方向に引張り力が働くようにすることもよい。

（3）　肉余りによるしわ，たるみ

肉余り対策の基本はつぎの三つである。

① 肉余りを生じないような工程設定をする

ただし，工程が増える欠点がある。

② 段絞りを行う

加工の終り付近で余った材料を引っ張る（図8.53参照）。

③ 製品の一部にしわおよびたるみ吸収用の突起またはへこみをつける

この突起は製品の一部として残す方法と不要な部分につけ，後の穴あけなどで打抜く方法がある。

（4） 部分的な凹凸部の割れ

製品全体がなだらかな山のような形状の場合は割れる例が少ないが，部分的に凹凸がある場合はその部分で割れを生じやすい。

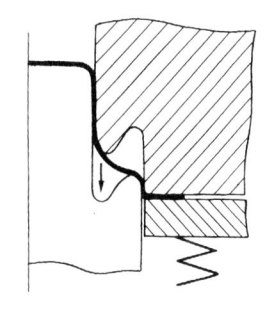

図8.53 段絞りによる材料のたるみ取り

このような形状は千差万別であり，一概に言えないが，原則的には次のようなことが言える。

① 加工の途中，小さな面積で引っ張り続ける加工方法を避ける（図8.54(a)参照）。
② 凹凸の差はできるだけ小さくし，幅を大きくする（図8.54(b)参照）。
③ すべてのコーナー R はできるだけ大きくする。
④ 材料は絞り性のよい材料を使用する。
⑤ 加工速度を遅くする。
⑥ 金型は摩耗や焼付きを生じやすいため耐摩性の高いものを用い，面粗さをよくする（部分的に焼入れした材料を組込むのもよい）。
⑦ プレス機械，上型と下型の合わせ（面当たり），クッションピンの当たりなどの精度を上げる。

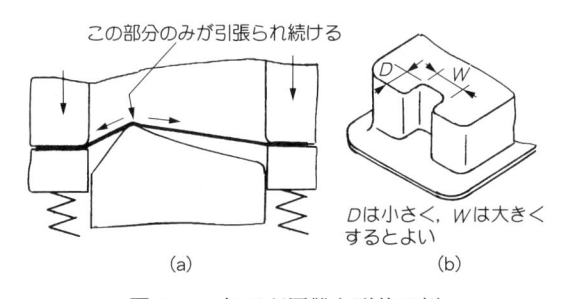

図8.54 加工が困難な形状の例

8.5.3 寸法不良，きず不良ほか

（1） 材料の位置がずれ，寸法が一定しない原因としては次のような事項が考えられる。

① ブランクの位置決め装置不良

位置決め装置（位置決めピンほか）がブランクと合っていない。

② 加工の途中で位置決め装置から離れ，金型との当たり状態によって大きくずれる（図8.55参照）。

③ 絞り加工における材料の引張り状態がアンバランスであり，材料の一部が横方向へねじられる。

いずれにしろ材料の流れ込みのバランスが少しでもくずれると力関係が大きく変り，結果としての差が大きくなる。

対策としては次のような事項が考えられる。

① 必ず上型と下型で拘束しながら加工をする。

② 形状が左右，前後でアンバランスになり，材料の流れ込みが不均一になる場合は対象に組み合わせて絞り，後で分断（セパレート）するとよい（図

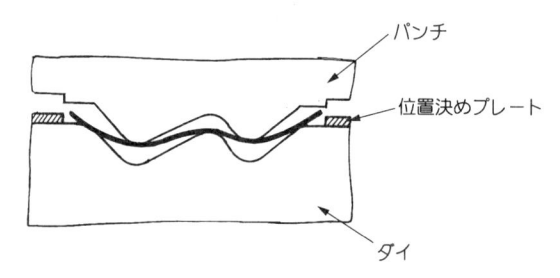

図8.55 パンチとダイの点のみで接触する例

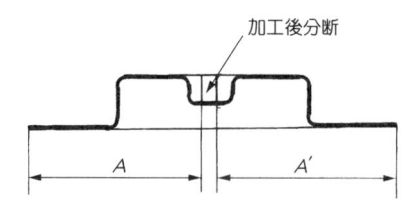

図8.56 A の製品を対称に組み合わせる

8.56 参照)。

③ 材料の流れ込みの安定化。ダイとダイクッションの当たり,クッションピンの長さ,クッション圧などが不安定な場合,寸法が変化するためこれらの条件を整える。

④ 材質のバラツキを少なくする。材料のロットが変わると寸法が変化する場合がある。このため材料の購入仕様書と受入検査方法などを明確にし,バラツキを少なくするように管理し,必要によっては層別管理をする。

第9章

絞り作業のトラブル対策

9.1 製品の取出し

9.1.1 ダイに製品が食い付く

　ダイに製品が食い付き，ノックアウトでの取出しが困難な原因と対策は，つぎのとおりである。

（1）ダイ R が大きく，材料が流れ込みやすい

　対策としては通常のダイ R より思い切って小さくする。

（2）クリアランスが大きい

　対策として，クリアランスを板厚より 10〜15% プラスさせる。ただし，絞り直径に比べて板厚が厚い場合（直径が板厚の30倍以下），材料の板厚増加が非常に多くなる（図9.1参照）。この場合は，クリアランスを大きめにしてもあまり効果がないので，他の方法を考える。

（3）ダイ側壁のストレート部が長い

　対策としてはストレート部の後方を逃す。

（4）底突き加工のため，底に近い部分が横へ広がる（図9.2参照）

　対策としては，前工程との材料のボリュームバランスをやや不足状態にする。

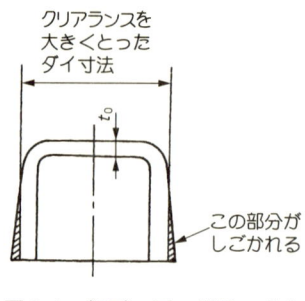

図9.1 板厚の厚い製品の絞り

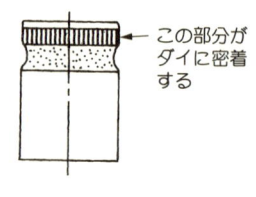

図9.2 底付きによるダイへの食い付き

（5）ブランクホルダとノックアウトで製品を圧縮し，横へ広げる

対策としてはばね式のノックアウトでなく，機械式またはタイミング調整可能なエアシリンダによるノックアウトとする。

（6）ダイとのすべりが悪い

ダイのR部および直線部分の表面粗さをよくし，滑りやすくする。

ダイの材質を超硬合金に変えたり，表面にTD処理その他を行うのもよい。また，絞り油を潤滑性のよいものに変えるのもよい。いずれにしろ力ずくではずすのではなく，ダイとの拘束力を下げることに努めるとよい。

9.1.2 ノックアウトに製品が付着する

絞り加工後の製品がノックアウトに付着し，これに気づかないで加工を続けると2枚打ちとなる（図9.3）。

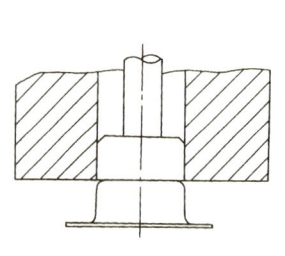

図9.3 絞り製品のノックアウトへの付着

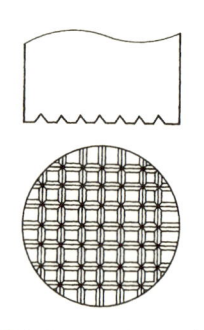

図9.4 ノックアウト表面の逃し

この対策としては，

① ノックアウトにキッカーピンを組み込む．
② ノックアウト面の接触面積を少なくする（図9.4）．
③ ノックアウト面から圧縮空気を吹き付けるなどが有効であるが，リストライクなどのように面押しをして表面に逃し部のきずが残るのを避けるには金型と製品の大きさに合せた小径のエアシリンダを側面に取り付け，はね出すとよい．

9.1.3 パンチに製品が付着する

絞り落し，絞り縁切りなどの工程でパンチに製品が密着し，とれないことがある（図9.5）．

この対策としては，製品のスプリングバックでわずかに開いた部分をダイの裏側のエッジ部で引っ掛ける方法（図9.6）が最も簡単であるが，確実に外すには図9.7のような可動式の爪や図9.8のようなチャックを組み込むとよい．

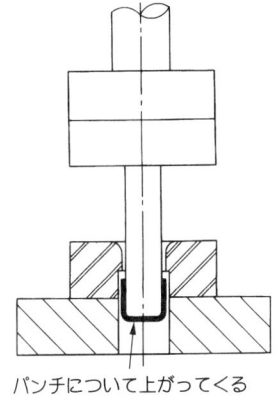

図9.5 絞り製品のパンチへの付着

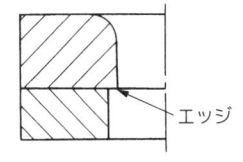

図9.6 ダイ下面をエッジにし，ここで外す

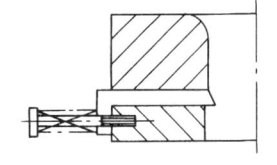

図9.7 製品を外すための爪を組み込む例

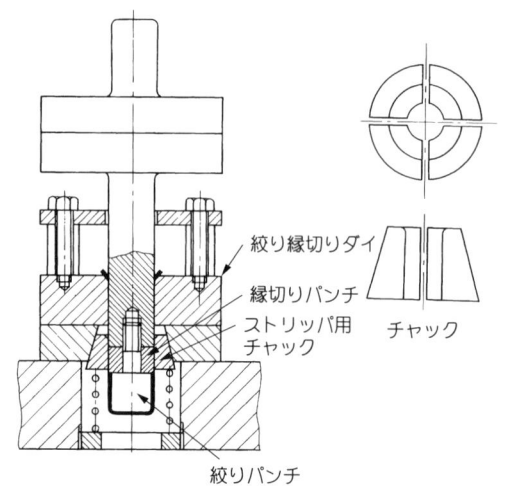

図 9.8　チャックによる取り外し

9.2　金型の摩耗と破損

9.2.1　ダイの焼付きと摩耗

絞り加工では，ダイと材料の間には常に絞り油があり，直接接触しないことが望ましい。この油膜が切れて直接触れ合うと焼付きを起こす。

油膜切れの原因としては，つぎのようなことが考えられる（図 9.9 参照）。

① 油量が少ない。
② 加圧力に比べて油膜が弱い。
③ 発熱により油が劣化する。
④ 接触長さが長く途中で切れる。
⑤ ダイの面粗さが粗く，凸部で直接接触する。
⑥ 加工速度が速く，油膜がもたない。
⑦ バリ，ごみなどの異物が入り，この部分が直接接触となる。
⑧ ダイ R の形状が悪く，曲率半径の小さな部分で接触圧が高くなる。

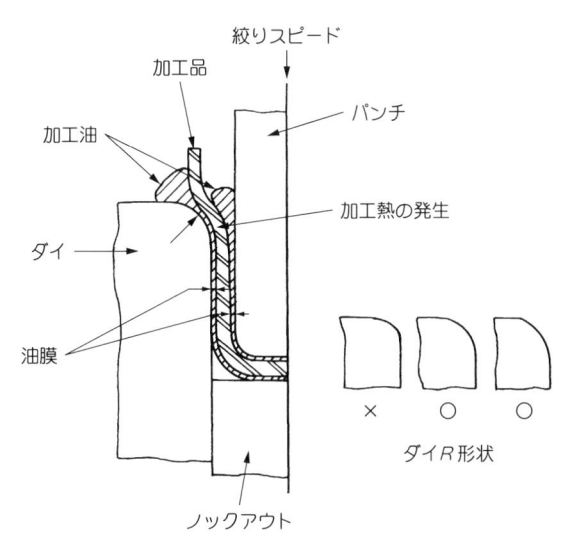

図9.9 焼付き磨耗の要因

対策としては被加工材に合った絞り油を見つけ，これを適当な方法で塗布することと合わせて，ダイのストレート部の逃しと面の改良にとくに注意するとよい。

また摩耗対策は昔に比べてその必要性が高まっている。

その理由としては，

① 製品のコストダウンを図るため，一つの部品に多くの機能を持たせるため複雑になっている。

② 製品の高級化，付加価値向上のため精度が向上しており，外観も厳しい。

③ 後工程の溶接および組立を自動化するため製品の精度を要求される。

④ プレス加工の自動化，高能率化のため高寿命を要求され，省人化のための信頼性も求められる。

⑤ 自動車部品では軽量化とコストダウンのため高張力鋼板など，絞りにくく金型の消耗がはげしい材料が増えている。

⑥ 表面処理鋼板などは加工後そのまま使用するため，きずなどを厳しく制限される。

このような背景から，製品の用途，機能，生産数などを考え，型材質の高度

化と熱処理，表面硬化処理などの必要性も高まっており，特殊な場合は焼入れした鋼だけでなく，超硬合金に表面硬化処理を行う例もある。

9.2.2 細い絞りパンチの破損

細い絞りパンチの破損例を，図9.10に示す。

基本的な対策は穴あけ加工のパンチとほぼ同じであるが，絞り型固有の問題としてつぎの事項に注意するとよい。

① 製品の長さの差によるストリップ部のねじれ（図9.11(a)参照）
② パンチ側面と製品の密着（面粗さをよくする）
③ フランジなしの絞り込み加工で縁の部分がくびれたように摩耗する（図9.11(b)参照）
④ 加工前の製品の傾きまたは位置決め不良（図9.11(c)参照）

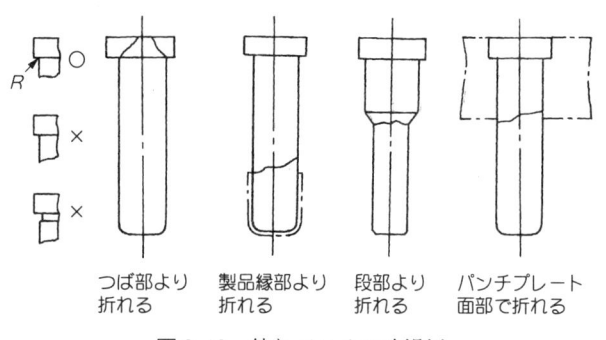

図9.10 絞りパンチの破損例

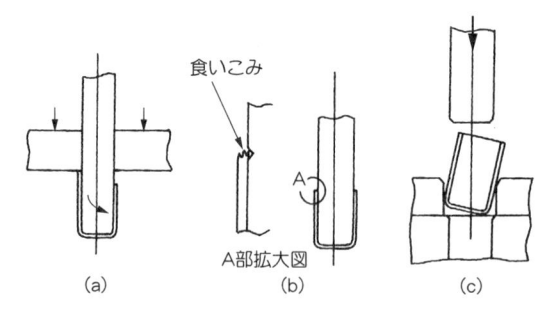

図9.11 パンチ破損の原因

9.3 順送り型でのトラブル

⑤ 絞り油不良による焼付き

とくに深絞り用パンチではこれに注意する。

9.3.1 可動ストリッパによる絞り不良

板厚が比較的薄く，直径が小さな絞りを可動ストリッパの金型で行うと，パンチが入る前にストリッパの圧力で製品をダイの中へ押込んでしまい，寸法が不安定になる（図9.12）。

この対策には，つぎの方法がある。

① ダイ側に可動ストリッパを受けるためのストッパをつける（図9.13(a)参照）。

② 下型に可動式のストリッパをつける（同図(b)参照）。

③ 固定ストリッパにする（同図(c)参照）。

いずれの場合も第1絞り（最初の絞

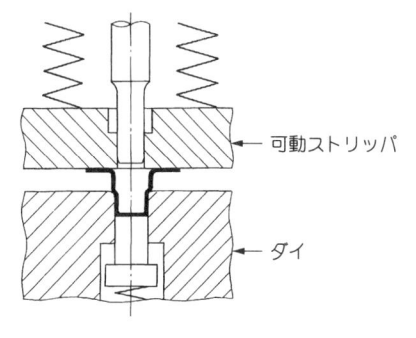

図9.12 可動ストリッパでの押込み

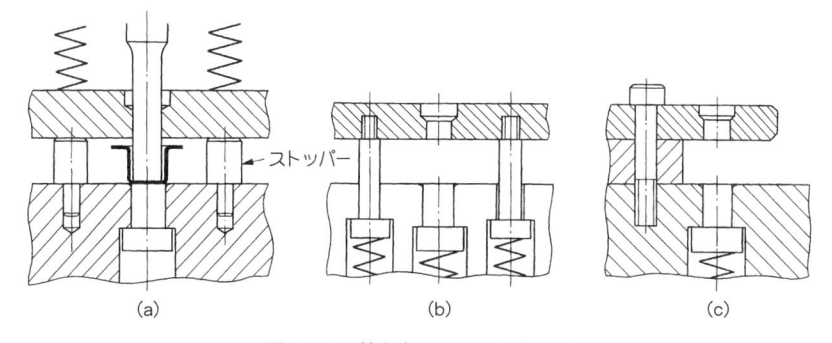

図9.13 絞り加工のストリッパ

9.3.2　ダイの中に製品がうまく入らない

　絞り加工の終りに近い工程およびリストライク（成形）のとき，わずかに位置がずれたり傾いていても製品がダイに入らず，変形したり押しつぶしてしまうことがある。

　これはノックアウトが製品の入るのを妨害しているためであり，ダイの R が小さいほど発生しやすい。また，第1絞りで上型が上昇するとき，しわ押さえとノックアウトで製品を挟んで変形させることがある。

　これらの有効な対策として，ノックアウトの下にノックアウトプレートを入れ，この下にばねを組み込み，ノックアウトプレートを上型のピン（キラーピン）で押し下げるとよい（図9.14）。

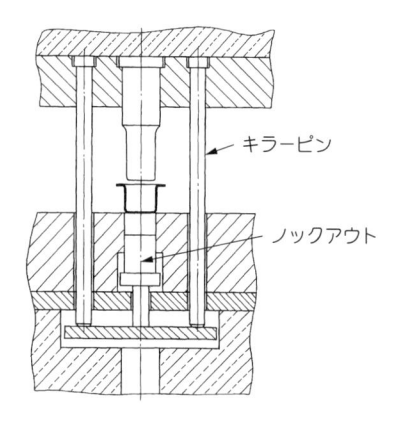

図9.14　ノックアウトの先行下げ

　これにより，ノックアウトはパンチが製品に当たる前に下がっており，製品がダイに入りやすくなり，可動ストリッパと挟んで変形させることもない。

第10章

圧縮加工の不良対策

10.1 圧縮加工の特徴と固有の問題

10.1.1 発生する応力

　抜き，曲げ，成形および圧縮の各工程は，主として材料に引張り応力を加え，伸びを利用して加工をする。しかし圧縮加工は材料に圧縮力を加え，材料の展性および延性を利用して成形をする（**表10.1**）。このため，圧縮加工以外の加工では，材料の引張り強さ以上の荷重を加えると破断するため，それ以下の荷重で加工をしている（**図10.1**）。

　これに対して圧縮加工での圧縮応力は，明確な限界がなく非常に大きな荷重をかけて加工をする例が多い（**図10.2**）。このため小さな面積に大きな荷重が加わり，金型およびプレス機械に大きな負担がかかり，変形および破損の原因になりやすい。

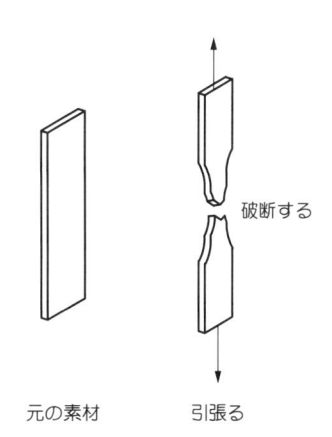

図10.1　引張り応力と伸びを利用した加工の限界

第10章 圧縮加工の不良対策

表10.1 加工法別の応力と必要な材料の性質

加工法	加工例	主応力および 加工に必要な機械的性質
抜き加工		せん断応力 伸び
曲げ加工		引張り応力 伸び
成形加工 （張り出し成形）		引張り応力 伸び
絞り加工		引張り応力 伸び
圧縮加工 （コイニング）		圧縮応力 展性, 延性

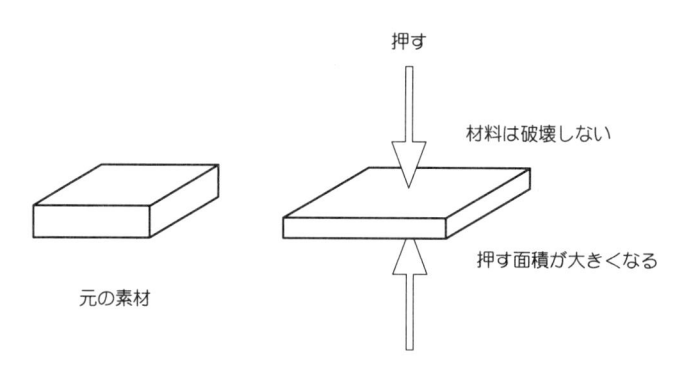

図10.2 圧縮と展性および延性を利用した加工

202

10.1 圧縮加工の特徴と固有の問題

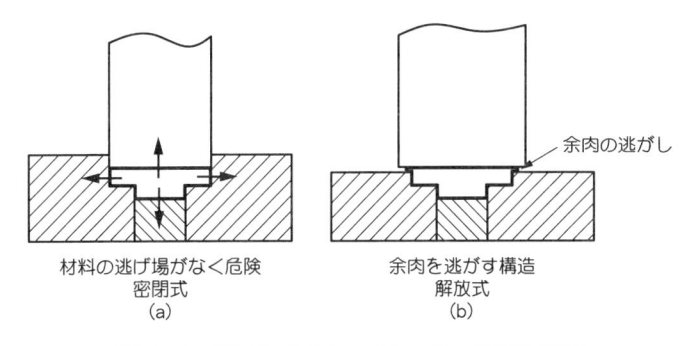

図10.3 板厚と下死点のばらつきの影響と吸収

(a) 材料の逃げ場がなく危険 密閉式
(b) 余肉を逃がす構造 解放式
余肉の逃がし

密閉した金型内で下死点を下げすぎたり，板厚の厚いものがあると，圧縮応力が無限に高くなり，その力が金型およびプレス機械に加わる（図10.3(a)）。これを避けるためには，ボリュームがオーバーしたときの材料の逃げ場を作っておき，ここへ余った材料を逃がし，後工程でトリミングをするとよい（図10.3(b)）。

10.1.2 素材と製品の形状

圧縮加工以外の加工は，平板から立体的な3次元の形状を成形できるが，素材（平板）の断面（板厚）はほとんど変化しない。これに対して圧縮加工は，素材の断面そのものを大きく変化させるため非常に大きな荷重が必要である。

圧縮加工用の素材には，つぎの2種類がある。

① ブロック状の塊

棒材を切断した素材などを圧縮加工をし，歯車，軸受，ナットその他の部品を作る（図10.4）。

② 平板

平板から抜き，その他の加工と組み合わせてプレス加工を行う。高精度なプレス加工製品の多くが抜き，曲げ，

図10.4 ブロック状の素材からの加工品

図10.5　板材の絞り加工に圧縮を加えた製品

成形および絞りのどの加工に圧縮加工を加えている（図10.5）。

通常ブロック状の素材からの加工は鍛造と呼ばれ，金型を使用する鍛造にも熱間，温間および冷間の型鍛造法がある。

冷間鍛造はプレス加工に含められているが，ここでは主として板材の例を述べる。

10.1.3　素材が原因のトラブル対策

圧縮加工は素材を圧縮して成形をするが，素材のばらつきがあるとその影響が製品に直接表れやすい。このため素材材質，加工性，板厚およびブランクの大きさ（体積）などの管理が非常に重要になる（図10.6）。

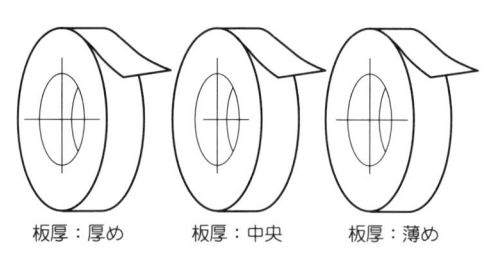

図10.6　板厚を選別して区分する層別管理

10.1.4　金型のトラブル対策

　金型は大きな荷重を受けるとパンチ（軸）は長さが短くなり，断面は大きくなる。またダイは広げられて伸び，周長が大きくなる。これらが限界を超えると折れたり割れるなどの破損をする（図10.7）。

　この対策として，機械的強度および剛性対策が重要になる。大きな荷重を加えて高精度な加工をする場合の金型は，材質がゴムのようなものだと考えて対策をする必要がある（図10.8(a)，(b)）。

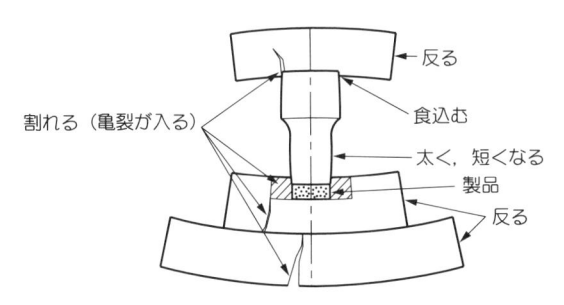

図10.7　過負荷による金型の異常

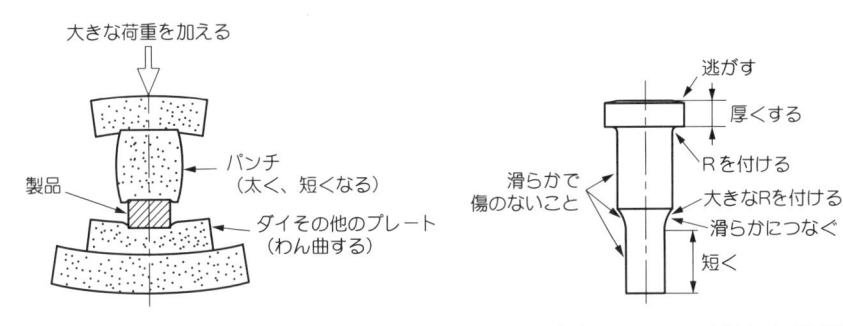

図10.8.(a)　大きな集中荷重を加えると金型は歪む

図10.8.(b)　パンチの破損と変形対策

10.1.5　潤滑対策

　圧縮加工は，大きな摩擦力を加えながら材料と金型が滑るため，金型の表面は摩擦熱と塑性加工熱で高温になる。

ブロック状の素材は，加工前にリン酸塩被膜処理などの固体潤滑用の処理をするが，平板からの加工は工作油を付けて加工するため，油膜が切れて焼付きやすい。

10.1.6 加工速度

圧縮加工は加工速度が速いと，材料の変形速度も速くなり，荷重が非常に高くなり，トラブルが多くなる。

この対策として，下死点付近の加工速度のみを遅くできるナックルプレスまたはサーボモータープレスを使用するとよい。クランクプレスなどは下死点付近の速度を遅くすると，全体の加工速度が遅くなり，生産性が低くなる。

10.2 加工内容別のトラブル

10.2.1 部分的な平面のつぶし加工

板材の一部を平らにつぶし，段差をつける加工の場合，次のようなトラブルとその対策が必要である。

（1） 潰した部分の厚さがばらつく

原因と対策は，つぎの二つが考えられる。

① 板厚のばらつき

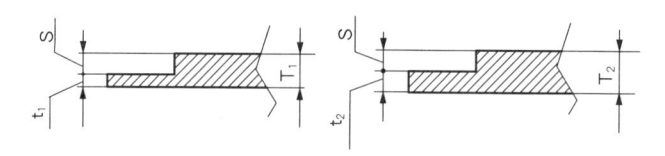

$T_1 T_2$：素材の厚さ
S：つぶし量は一定
t_1，t_2：つぶした部分の厚さ（元の板厚によって変わる）

図 10.9 板厚のばらつきとつぶした製品のばらつき

素材の板厚がばらついていると，つぶした量（段差の量）は一定でも，つぶした部分の厚さは板厚のばらつきと同じようにばらつく（図10.9）。

対策としてはつぎの方法がある。
・素材の板厚の精度を高くしてばらつきを少なくする。
・板厚を厚目，中間，薄めなどに分けた層別管理を行い，ロットを区分して生産する。
・圧力能力の大きなプレス機械を用い，ハイトブロックで一定の厚さにつぶす。

② プレス機械の下死点位置のばらつき

対策にはつぎの事項がある。
・加圧時の精度（動的精度）の高いプレス機械を使用する。
・ボルスタは厚さが厚く，逃がし穴の小さいものを用いる。
・下死点が時間によって変化する場合は，生産途中で下死点位置を調整する。
・面積の大きなハイトブロックに当てて一定の高さに保つ。

（2） 加圧力不足

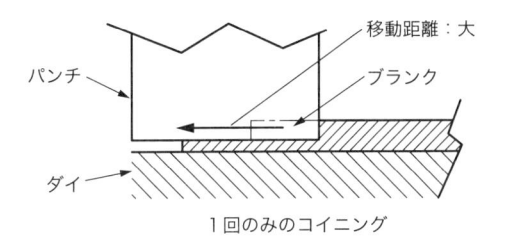

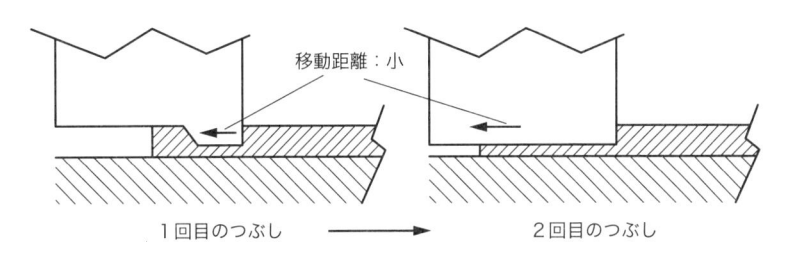

図10.10 同一面のコイニング回数

プレス機械の加圧力は余裕が必要であるが，不足を補う対策にはつぎの事項がある。
・大きな面積を一度につぶすと，材料の横へ移動する距離が大きくなり，抵抗も大きくなるため，2回に分けてつぶす（図10.10）。
・トリミング代を少なくしてつぶす面積を小さくする。
・金型の表面の面粗さをよくし，材料が横へ滑るときの摩擦抵抗を少なくする。

（3） 裏面の凹み（ゴースト）

周辺をつぶすと残った中央付近の裏側が凹み，平面度が悪くなる（図10.11）。

この対策には，製品形状を変更して凸部の裏側に突起をつけるか，凹みをつけるとよい。

高精度な平面度が必要な場合は，予備成形で裏側に突起を出す，加工後に切削加工をするなどが必要である（図10.12）。

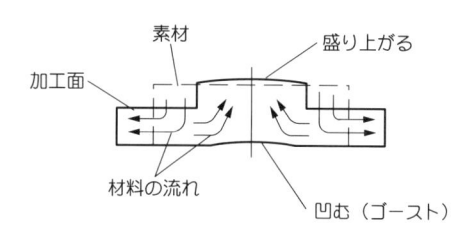

図10.11 外周部をつぶしたときにできる凹み（ゴースト）

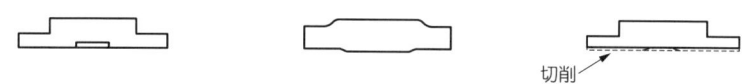

平面側に凹みをつける
（一定の面積と深さにできる）　予備成形でゴースト部を盛り上げておく　プレス加工後切削をする

図10.12 ゴースト対策の例

10.2.2 表面の模様出し（表面の微細な凹凸加工）

平板の表面に高精度な文字や模様をつける加工は，コイニング（圧印加工）の代表的な加工であり，名前の由来でもある硬貨（コイン），メダルその他に広く行われている（図10.13）。

10.2 加工内容別のトラブル

　この加工で最大のポイントは，凹凸部のコーナーRを小さくして角を鋭くすることである。このために加圧力は非常に高く必要になり，金型の摩耗も激しいため，その対策が必要になる（図10.14）。また加工油や空気が残っていると，その部分の形状が悪くなる。

図10.13　コイニングによる硬貨

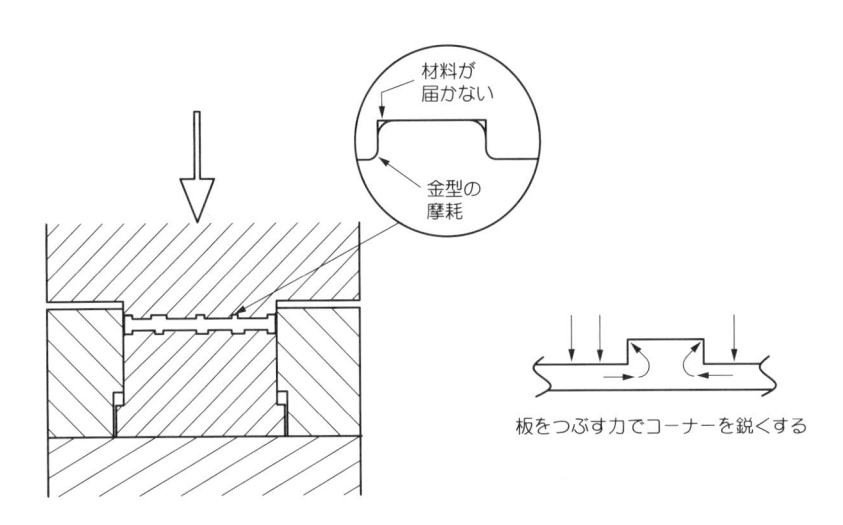

加圧力不足と金型の摩耗によるコーナーのだれ　　　　コーナーのRを小さくする方法

図10.14　エンボスの模様のだれとその対策

10.2.3 面取り（面押し）

図 10.15 のようにバリをつぶしたり，角に R や C 面をつける面取りをすると，発生しやすいトラブルとその対策には，つぎの事項がある（図 10.16）。

① 面取りによって余った材料で周辺が盛り上がる。

② 横方向に圧縮力が発生し，形状を変化させる。外形を面取りする場合は，内側に穴があると変形をしたり，位置が変化する。

③ 横方向の圧縮力で平面度が悪くなる。

対策には，つぎの事項がある（図 10.17）。

① つぶしに必要な体積を少なくする（抜きのだれおよび破断面を大きくする）。

② 余った材料の逃がす場所を作り，後で切り取る。

③ 材料周辺の平面部も合わせてつぶす。

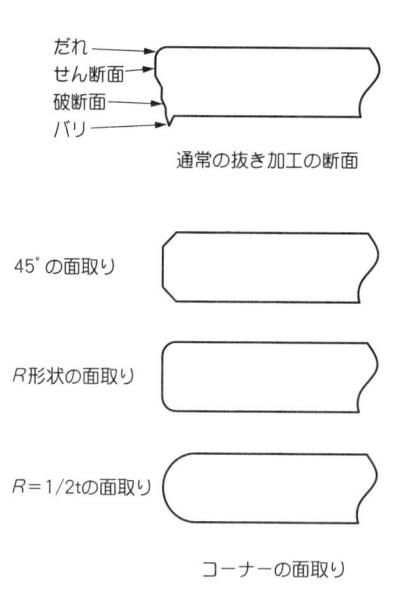

図 10.15　せん断切り口の形状

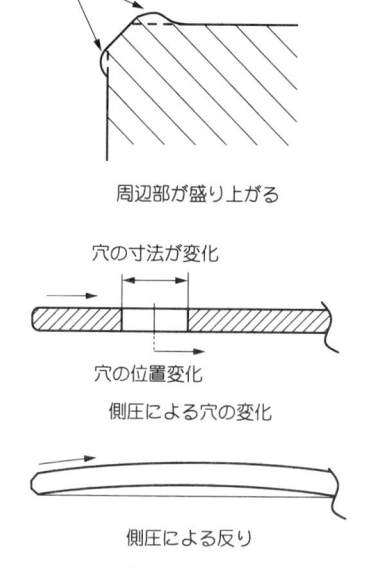

図 10.16　圧縮加工による面取りの不具合

10.2 加工内容別のトラブル

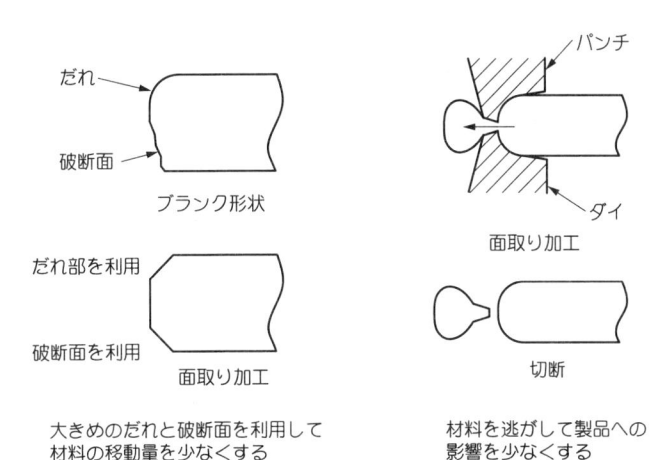

図10.17 せん断切り口の面取り

④ 加工後に平押しをする。

10.2.4 平面度対策のための面押し

　反りのある薄板は，平らなパンチとダイで何度叩いても，金型から解放されると元に戻ってしまい直らない（図10.18）。

　これを平らにするには，つぎの方法がある。

① 逆方向への平押し

　反りの方向と逆の方向に金型で反らせ，金型から出てスプリングバックで戻ったときに平らになるようにする（図10.19）。

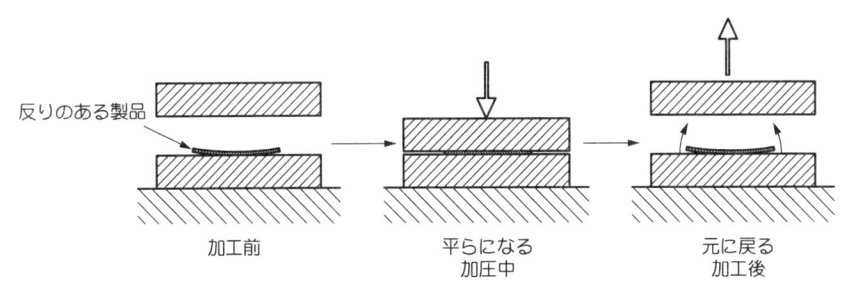

図10.18　反りのある製品は何回面押しをしても直らない

211

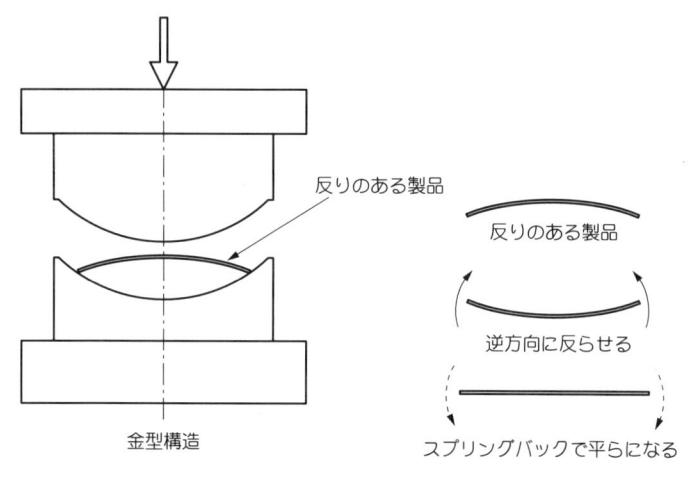

図10.19　逆方向に反らせて直す

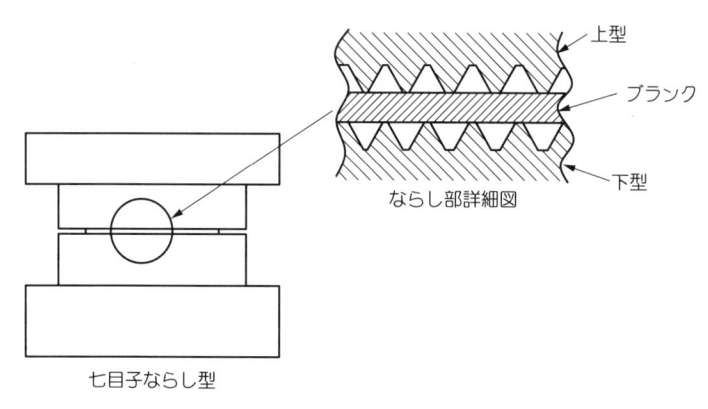

図10.20　七目子ならしと金型

② 七目子ならし

金型の表面に小さな円錐または角錐状の突起を多数つけ，塑性変形させながら平らにする（図10.20）。

パンチまたはダイの一方に突起をつける方法と両方につける場合があり，両方につける場合は突起が互い違いになるように配置をする。一方の面が平面度を要求される場合は一方のみとする。

七目子ならしは星打ちとも呼ばれ，精密機器のシャーシ，レバーおよび半導

体のリードフレームなどに用いられている。

10.2.5 エンボス加工

エンボス加工はデジカメ，携帯用の AV 機器などのケース類に，段差の大きい凹凸をつける場合に用いられる（図 10.21）。

加工方法はパンチとダイに凹凸をつけ，表面に立体的な模様を作るが，パンチとダイに均一なクリアランスをつけると外側の突起部の角がだれて，商品価値が下がる（図 10.22(a)）。

この対策としては，内側のパンチに縁に突起をつけて部分的に強く押し出すとよい（同図(b)）。特に素材がアルミニウムの場合は効果的である。

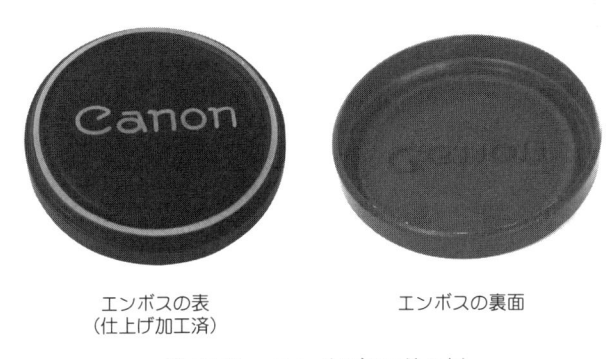

エンボスの表　　　　　エンボスの裏面
（仕上げ加工済）

図 10.21　エンボス加工品の例

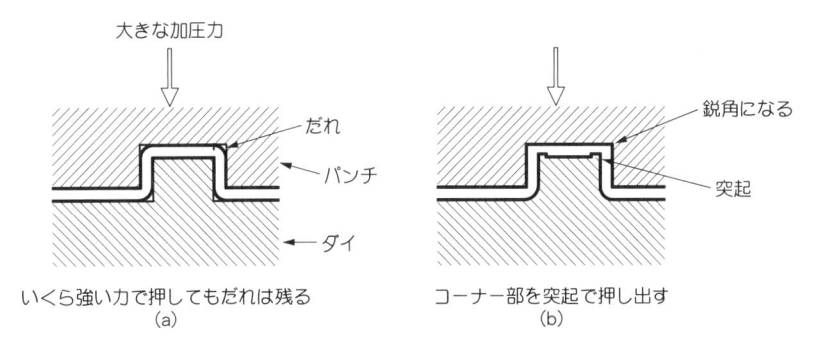

大きな加圧力

だれ　　　　　　　　　　　　鋭角になる
パンチ　　　　　　　　　　　突起
ダイ

いくら強い力で押してもだれは残る　　コーナー部を突起で押し出す
(a)　　　　　　　　　　　　　　(b)

図 10.22　エンボス加工の金型

10.2.6 平面（板の幅）方向への圧縮

金属の板を平面方向に圧縮し，板厚を増す加工をすると座くつをする（図10.23）。座くつをさせずに圧縮するにはつぎの方法がある。

① 絞り加工品の側壁部の増厚

絞り加工品の側壁を増厚する場合は，つぎの注意が必要である。

・ボリュームの確保

絞り加工の高さは増厚分だけ低くなるので，その量を見込んだ高さにする（図10.24）。

・増厚分のすき間は外側につけて軸方向に圧縮をする（図10.25）。

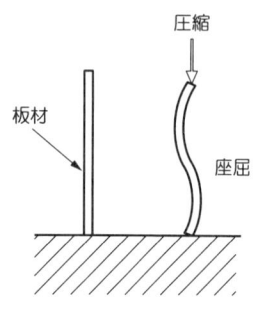

図 10.23 平面（軸）方向への圧縮と座くつ

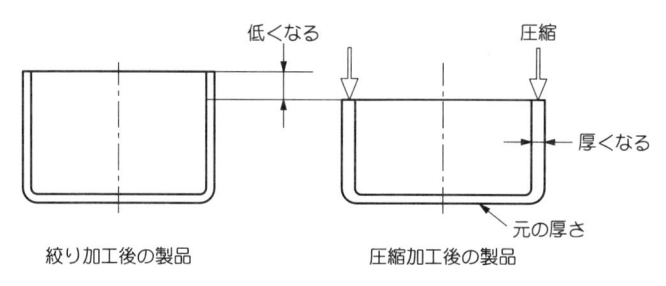

図 10.24 絞り加工品の側壁の増厚

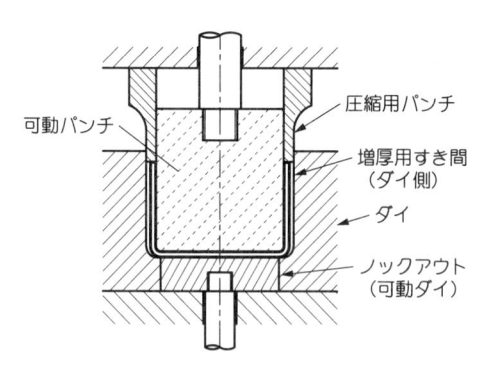

図 10.25 絞り加工品の側壁の増厚

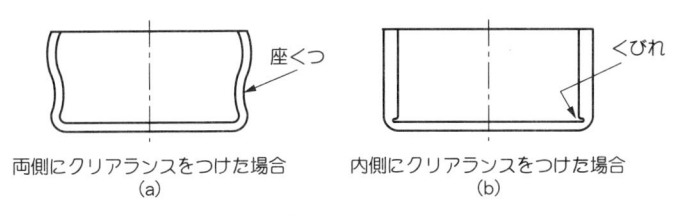

図 10.26　増厚する場合のクリアランスが不適当な場合

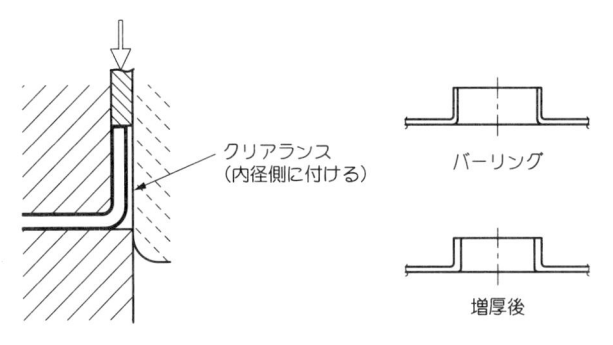

(a) 両側にクリアランスをつけた場合（座くつ）
(b) 内側にクリアランスをつけた場合（くびれ）

図 10.27　バーリングの増厚

両側にクリアランスをつけてつぶすとS字状に座くつをしたり，内側のコーナー部にくびれができる（図10.26(a)）。内側にすき間をつけると，くびれがひどくなる（同図(b)）。

・1回の加工での増厚は30%程度以下とし，それ以上必要な場合は工程数を増やす。
・コーナ部および底部は，ダイまたはノックアウトを図10.25のように製品の外形形状に合わせてしっかりと受ける。

② バーリング側壁の増厚

バーリング側壁の増厚は，増厚分の隙間を内側（内径側）につける（図10.27）。その他の注意事項は絞り加工に準ずる。

10.2.7　しごき加工（アイヨニング）

絞り加工をした製品の側壁部は内側は，ほぼパンチに倣って円筒度はよいが，外側は底部に近いほど薄くなり，円筒度が悪い。このような場合は，絞り加工

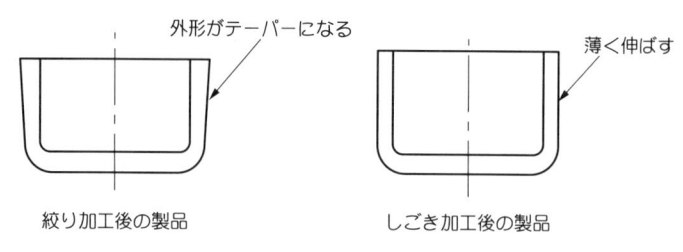

図10.28　絞り加工品の円筒度を良くするためのしごき

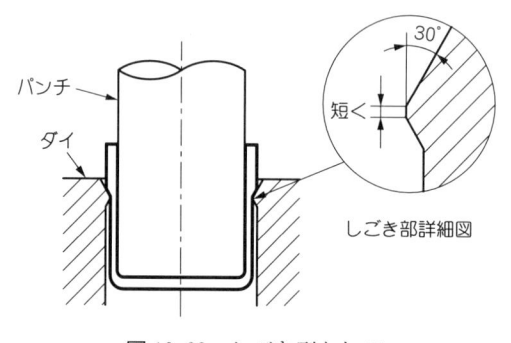

図10.29　しごき型と加工

後に側壁を薄くしごいて外形の円筒度をよくする必要がある（図10.28）。

このほかしごき加工は，長さを長く伸ばすなどの目的で飲料用のアルミ缶，その他深い容器の加工に利用されている。

しごき加工の不具合とその対策は，つぎのとおりである。

① 焼付きとその対策

材料と金型は大きな摩擦を受けながら滑るため，焼付きやすい。この対策としては材料との接触部分の短くし，しごきを行う部分の前後を30度程度のテーパーで逃がすことである（図10.29）。

② 製品表面の平滑さ

製品の表面を平滑できれいに仕上げるには，材料と接触する金型の表面の面粗さをよくすることであり，みがきが重要である。

第11章

圧縮作業のトラブル対策

11.1 金型の焼付きと摩耗

11.1.1 金型構造と金型部品

圧縮加工用の金型は，製品が変形するときの大きな摩擦抵抗を受けるため，焼付きやすい。

金型での対策には，つぎの事項がある。

① 材料が滑る部分の接触面積を小さくして，不要な部分を逃がす（図11.1）。

② しごき型などのように熱の発生が多い場合は，水冷その他の強制冷却をする（図11.2）。ストリッパガイド方式の構造は，ストリッパに熱を蓄積するので刃先部を逃がすとよい。

③ 金属と焼付きにくい表面硬化処理をする。

11.1.2 金型の材質とみがき

焼付きを防ぐには，高温に強い高速度工具鋼（ハイス）および超硬合金がよい。

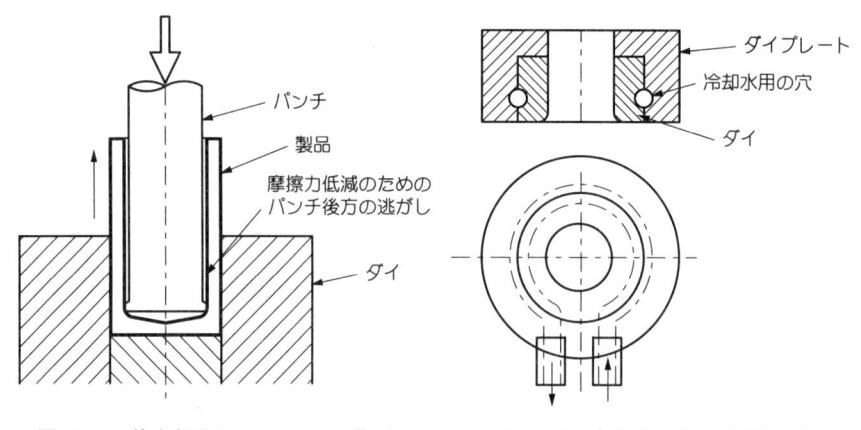

図 11.1　後方押出しのパンチの逃がし　　図 11.2　水冷式のしごき型の例

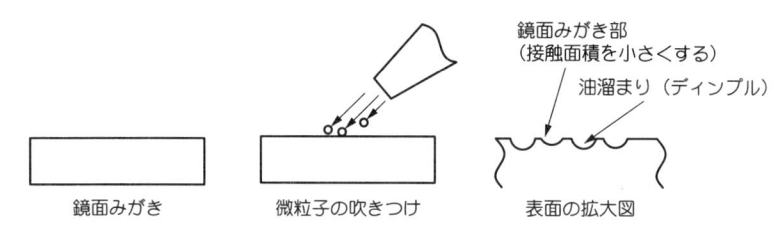

図 11.3　耐摩耗性を向上させる表面仕上げ

　金型表面のみがきは，鏡面に仕上げるのが基本であるが，鏡面にみがいた後に金属またはセラミックスなどの細かな粒子を吹き付けるとよい。これにより摩擦する部分の接触面積が少なくなる，潤滑油を保持する凹み（ディンプル）ができる，表面が硬化するなどの効果があり，耐摩耗性がさらに向上する（図11.3）。

　超硬合金はタングステンの粒子の細かな超微粒のものがよく，接着するためのコバルト含有率の少ないものがよい。

11.1.3　潤滑方法と冷却

　板材の圧縮加工は加工油による潤滑が基本であるが，高い圧縮力と摩擦力で油膜が切れる場合が多い。

　しごき加工など場合は，加工油が摩擦する部分に強制的に押し込まれ，油膜

が切れないように接触面積を小さくする必要がある（図11.4）。またコーナなどに加工油が残ると，逃げ場のない加工油が圧縮され，製品の形状を悪くする（図11.5）。

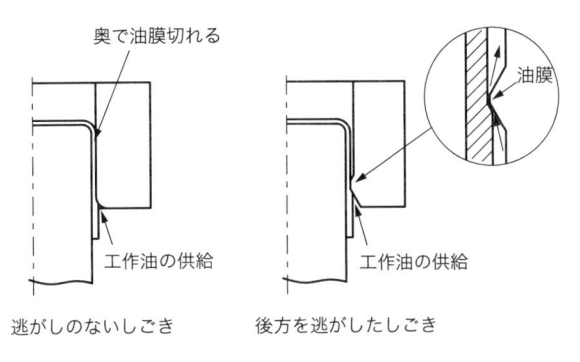

図11.4　しごき型と潤滑

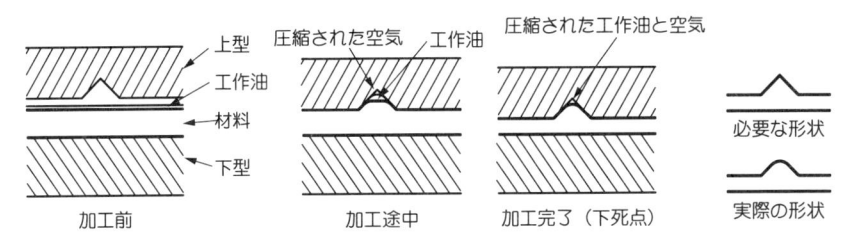

図11.5　工作油による油圧の発生と製品形状

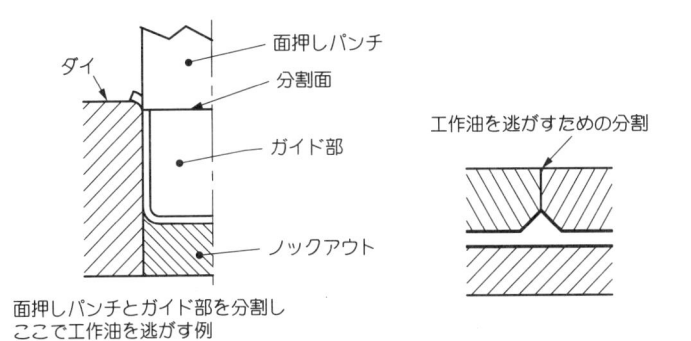

図11.6　コーナー密閉部の工作油の逃がし

閉じられたコーナー部では，圧縮された加工油を逃がす構造が必要である（図11.6）。

加工油をつける場合は，材料の表面全体に塗布をするのではなく，必要な場所に必要な量のみを塗布する必要がある。

11.2　金型の破損

11.2.1　金型の強度と剛性不足

圧縮加工用の金型は小さな面積に大きな圧縮力を加えるためであり，他の加工用金型に比べて破損事故が多い。また，板圧の変化，下死点の変化などで極端に大きな加重が加わることもある。

対策としては，つぎの事項がある。

① 通常の加工の場合の強度に大きめの安全率をかけ，強度に余裕を持たせる。

② 密閉式を避け，材料が逃げる部分を作る（図11.7）。

③ 破損した金型部品が人を傷つけないための安全対策。

④ 荷重が加わる部分はねじ止めではなく，はめあい式にする。

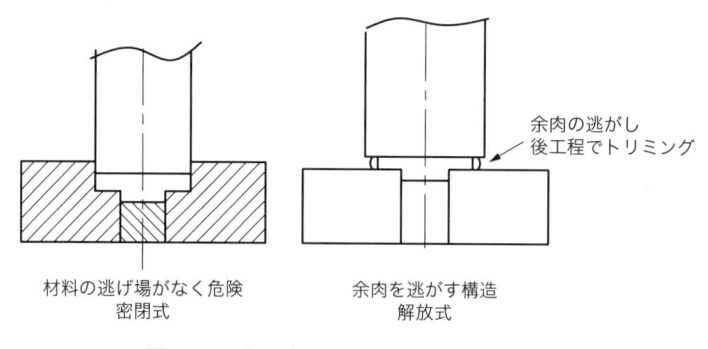

図11.7　密閉式と解放式のコイニング加工

11.2.2　金型の取り付け不良

① 偏心荷重

圧縮加工をする部分が機械の中心からずれていると，偏心荷重でスライド（上型）が傾く。この対策としては，金型の荷重中心を機械の中心に近い位置に合わせるとよい。

② 下型の取り付けと強度の維持

プレス機械のボルスタは逃がし穴の小さいものを使用し，下型に高さ調整用のスペーサーを使用する場合は，下型全体を受けるようにする（図11.8）。

一般的なスペーサー　　　圧縮加工用のスペーサー

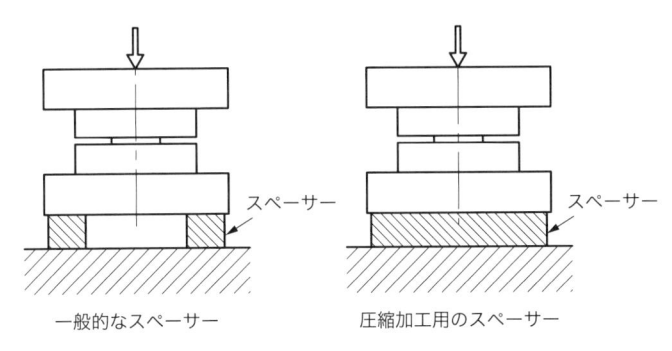

図11.8　ダイハイト調整用のスペーサー

11.2.3　製品の板厚のばらつき

板圧にばらつきがある場合は，最も厚い板を想定した高さでも耐えられる金型および機械の強度が必要である。

11.2.4　プレス機械の動的精度

プレス機械の下死点精度にばらつきがあると，加圧力が大きく変わる。対策としては剛性が高く，下死点精度のよいプレス機械を使用する必要がある。

プレス機械のフレームの剛性が低いと，荷重をかけたときフレームが伸びて上型が逃げる。

荷重をかけて加工をしたときに正しい寸法にするため，材料がない状態では

上型が下型に衝突するように下死点を合わせる場合がある。このような方法は空打ちをしたとき金型を破損するだけでなく，機械を傷め，作業者にも危険なので避ける必要がある。

11.3 ブランクの位置決め

11.3.1 位置決めが不安定

コイニングなど，板をつぶす加工の場合，ブランクがずれていると荷重バランスが狂い，上型が傾く。このためつぶした製品の厚さはずれた量に比例して勾配がつき，金型および機械も傷める（図11.9）。

全周をつぶす場合，外形寸法が変化をするので，固定式の位置決め装置は使えない。

可動式の位置決め装置を使う場合，位置決め装置が磁気を帯びていたり，粘性の高い加工油が付着しているとブランクを移動させやすい。

対策は定期的な脱磁と清掃が必要である。

11.3.2 順送り型の場合の位置決め

外周が変化をするため，絞り型と同じようにアワーグラス抜きなど，外形が

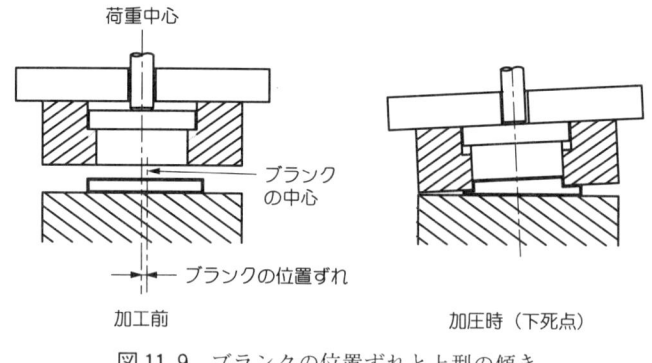

図11.9 ブランクの位置ずれと上型の傾き

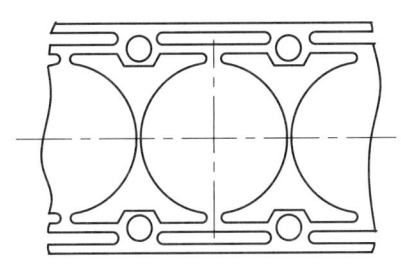

図 11.10　外形が変化するコイニング
　　　　　のブランクレイアウトの例

変化をできるようにし，パイロットパンチを併用する（図 11.10）。

11.4　製品の取り出し

　製品が金型内に残ったまま 2 枚打ちをするのは非常に危険である。原因と対策は，つぎのとおりである。
　① ノックアウトに密着する
　コイニング加工などで最も多く発生しやすいのは，上型のノックアウトに密着したまま，つぎの製品を加工することによる 2 枚打ちである。
　ノックアウトで面押しをする場合が多く，ノックアウトに密着防止の対策が行えない場合が多い。
　対策はエアシリンダまたはカムを使用し，横方向から機械的な力を加える方

密着した製品　　　←カムなどで外す

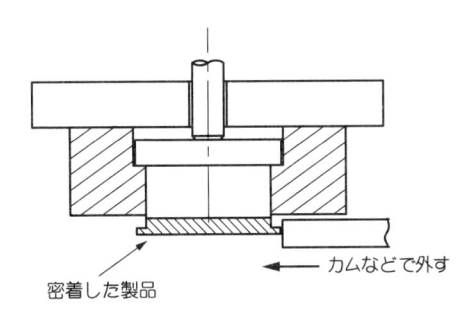

図 11.11　ノックアウトに密着した製品を外す例

法が有効である(図11.11)。

② 排出不良で金型上に残る

取出し装置で排出できず,下型の上に残る場合がある。対策は圧縮空気での吹き飛ばしを避ける,センサーで排出を確認するなどがある。

# 第12章

自動加工でのトラブル対策

…

12.1 製品の取出し

12.1.1 エアで吹き飛ばしてもうまく飛ばない

製品の取出しでトラブルの多いのは，エアで直接吹き飛ばす方法である（図12.1参照）。

この方法は装置も簡単で安く取扱いも安易なため，小物部品では最も広く行われている。しかし，簡単なだけに信頼性に問題が多く，100％安心ということはむずかしく，できれば避けるかセンサーなどでの確認と検出による急停止化が必要である。

対策としては，つぎの事項が効果的である。

（1） ノズルの位置の安定と製品との接近

エアエジェクタ用ノズルの位置が一定しないと飛び方も安定しない。このためノズルは金型ごとに専用のものを固定しておくとよい。そのつど取り付けて調整

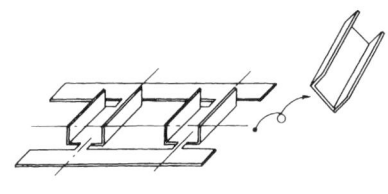

図12.1 エアでの吹き飛ばしが一定しない

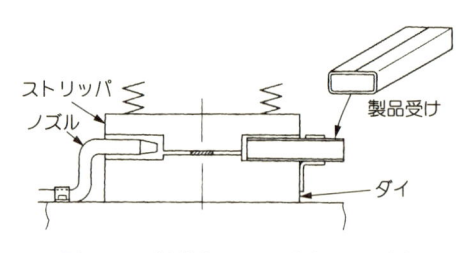

図 12.2　製品をエアで確実に飛ばす方法の例

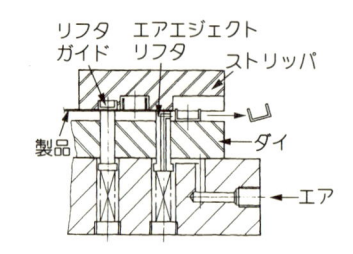

図 12.3　金型内に可動式のノズル（エアエジェクトリフタ）を組み込んだ例

をすることは避けるべきである。

また，ノズルの位置は製品に近いほどよく，金型のダイやストリッパを逃して奥まで入れるとよい（図 12.2）。

これをさらに徹底した例として，金型の中にエジェクタノズルを組み込む方法がある。図 12.3 にその例を示す。

（2）ノズルの吹出し口の圧力を高くする

ノズルの吹出し口の圧力が低いと小さな抵抗があっても飛ばなかったり，飛び方が不安定になる。

これを防ぐには，

① クランク軸に同期させたカムと電磁弁で必要なときのみ吹くようにする。
② 電磁弁とノズルの距離はできるだけ短くする。
③ ノズルまでのホースなどは直径の太いものを用いる。

などを守るとよい。

（3）製品を受ける側のガイドの接近

製品を受けるガイドは製品が外される部分に近いほどよい。このため金型のダイやストリッパを逃がして筒状の製品受けを組み込むとよい（図 12.2 参照）。

（4）飛散防止用製品受けの構造

金型から飛出した製品が飛散するのを防ぐための製品受けは一般に入口を大きく，奥を狭くしたものが多い（図 12.4(a)）。しかし，これでは空気が渦を巻いたり，空気を押込みきれず，勢いを弱め，さらに製品が当たって戻り，2

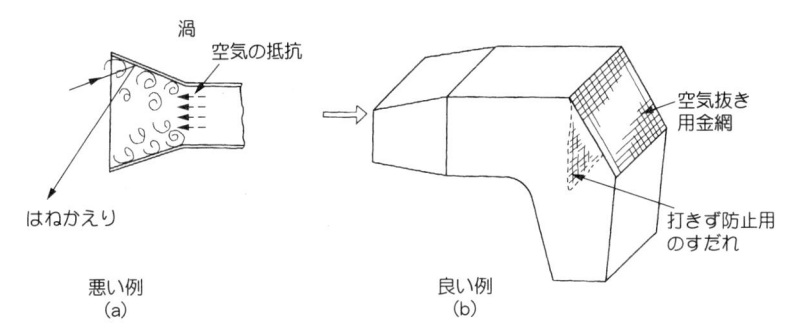

図 12.4　製品受けの構造

枚打ちや飛散の原因となる。

これを避けるにはむしろ奥を広くし，必ず大きめの空気抜きの金網を背面に設ける（図 12.4(b)）。

また当りきずや変形のおそれがある場合は，製品を受けるための布，細かな網などを内部につるすとよい。

12.1.2　製品がシュート上をうまく滑らない（図 12.5）

せっかくシュートをつけてもうまく滑らないと，製品がシュート上に溜まって排出されない。それに気付くのが遅れると金型内で重ね打ちをして金型を破損する。

この原因として，つぎのようなことが考えられる。

① シュートの角度が少ない。

② 油で密着し張りつく。

③ 製品の重量が軽く，重力で滑りにくい。

④ シュートの形状不良や障害物のために引っかかる。

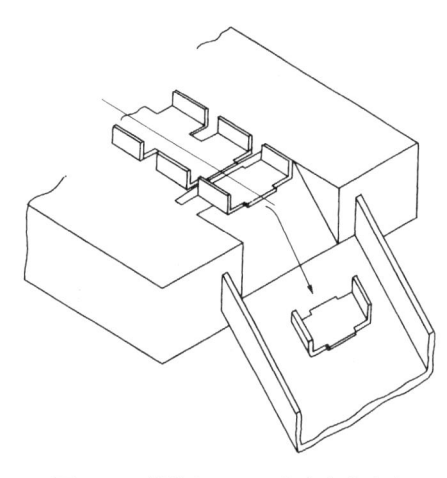

図 12.5　製品がシュート上をうまく滑らない

対策としては角度を大きくすればよいが，これが無理な場合はつぎのような対策を行うとよい。

① シュート内の進行方向に沿って弱くエアを吹く。

② シュートの滑り面に丸棒などを取り付ける（図12.6）。

この応用としてソロバンを用いる方法もある。

③ シュートを蝶番で組み付け，上下に振動を与える。

④ シュートの代りに小さなコンベアを用いる。

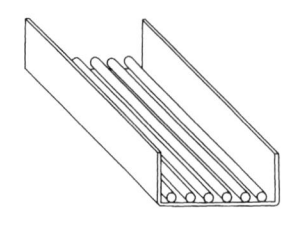

図12.6　滑りやすいように丸棒を取り付けたシュート

12.2　順送り加工でのトラブル対策

順送り型を使用したプレス加工でのトラブルの例を，図12.7に示す。

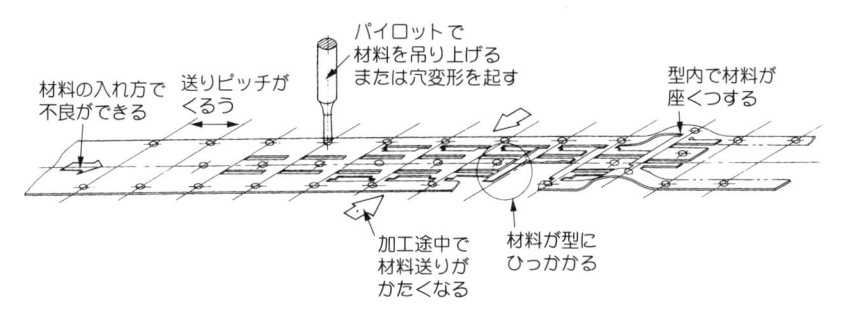

図12.7　順送り型での主なトラブルの例

12.2.1　順送り加工初期での不良

金型内に材料を通したときに良かったり，悪かったりする不具合がでるような状態のことである。状態としては，金型段取り後と材料交換の際に起きるパターンが考えられる。

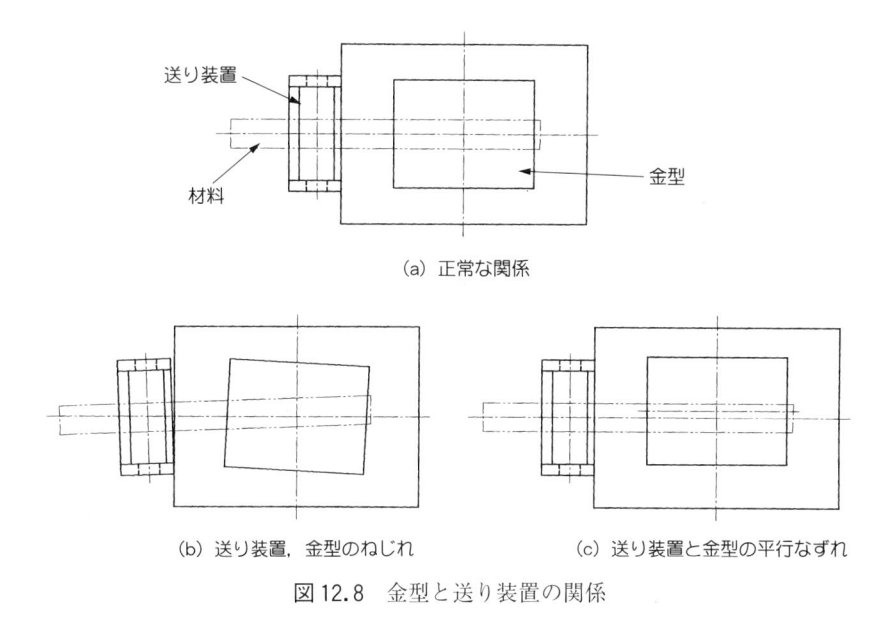

12.2 順送り加工でのトラブル対策

(a) 正常な関係

(b) 送り装置，金型のねじれ

(c) 送り装置と金型の平行なずれ

図12.8 金型と送り装置の関係

(1) 金型段取り後の不良

この原因としては，

① 送り装置と金型の平行出し不良

送り装置と金型は，図12.8(a)に示すように，材料が直線上を移動するようにセットされていなければならない（これを金型の平行出しと呼ぶ）。これが図12.8(b)または図12.8(c)のような状態になると，材料移動と金型の関係に無理が生じてトラブルの原因となる。

対策

送り装置，金型の状態を確認し，図12.8(a)の状態にする。

② 送り装置のガイド設定の不良

金型の平行出しに問題がないときには，送り装置の材料ガイドの設定を確認してみる。この状態が悪くても金型の平行出し不良と同様のトラブルが発生する。

対策

送り装置の材料ガイドをゆるめておき，金型のストックガイド内まで材料を

通した状態で送り装置の材料ガイドを合わせる。

③ 送り線高さの関係の不良

金型の材料送り線高さと送り装置の送り線高さに大きなずれがあると，加工時の材料の上下変動が大きくなり，やはり加工異常の原因となる。

対策

金型と送り装置の送り線高さが一致するように調整する。金型の材料リフト量が大きいときには，材料リフト量の中間程度に送り装置の送り線高さを合わせるようにする（図 12.9）。

（2） 材料交換時の不良

材料交換ごとに変動するトラブルは，金型のストックガイドに着目するとよい。ストックガイド関連のトラブル原因には，つぎのようなものがある。

① ストックガイドの長さが短いための不良（図 12.10）

金型への材料通しの最初のガイドであるストックガイドが短いと直線性が保てず，材料が自由な形で金型内に入ってしまい，金型の平行が出ていない状態と同じ結果となってしまう。そのために材料の入れ方によって良い悪いがでてしまう。

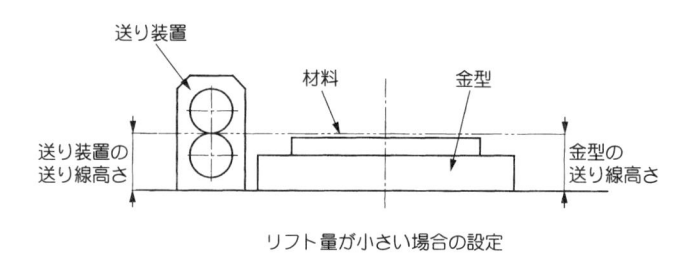

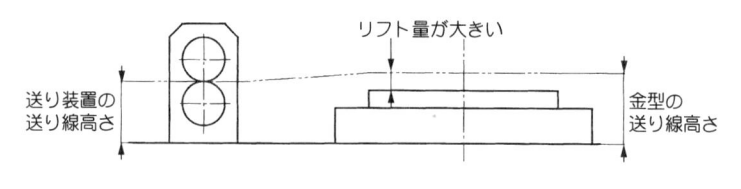

図 12.9 送り装置と金型の送り線高さの関係

対策

金型のストックガイドの長さを材料幅の1.5倍以上にする。

② 材料とストックガイドのすきまに関係する不良

ストックガイドの幅は，材料のプラス側の許容差以上に設定しないと材料が入らないことが起きる。しかし，材料幅がマイナス傾向のときには材料とストックガイドのすき間が大きすぎ，材料ガイドの直線性が失われることがある。

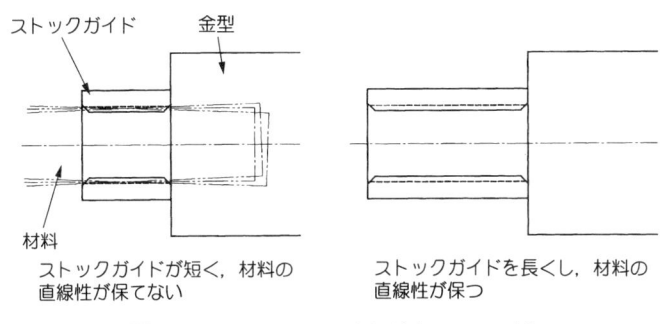

図12.10　ストックガイド長さによる不良

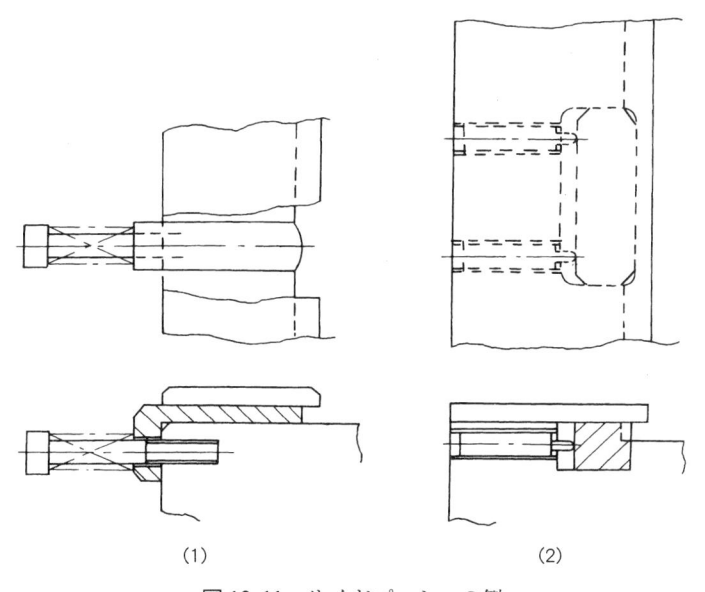

図12.11　サイドプッシャの例

対策

材料を一方向に押しつけ，材料とストックガイドのすきまを片側に寄せてしまうようにする。図12.11にサイドプッシャの例を示す。

③ パイロットの設定不良

最初のパイロットは，パイロット穴を加工したつぎのステージになければならない。送りピッチが短いなどの理由で数ステージ後にパイロットが入っているような金型では，最初のパイロットが働くまでの送り長さが不安定になる。

対策

パイロット穴加工後のつぎのステージでパイロットが働くように金型を改造する。

12.2.2　順送り加工中でのトラブル

（1）　加工の途中で材料の送りがきつくなる

正常に流れていた材料が材料ガイドに対してきつくなり，加工不良を起こすような状態である。このような現象の原因としてはつぎのようなものがある。

① 材料供給装置（アンコイラなど），レベラーの設置状態が悪い

このような周辺機器も材料送り方向に対して直線上に配置されていなければならない。配置のずれがあると，少しずつ材料が片方に移動して送り装置のガイドや金型のストックガイドに対してきつくなり，加工トラブルを起こす原因となる。

対策

周辺機器の配置を見直して配置が直線になるようにする。できれば床に固定するとよい。

② 材料の形状不良

コイル材には，横曲がり（キャンバ），蛇行，うねりなどが多少ある。そのため送り装置で送られる材料は，幅方向に少し振れながら金型内に入ってくる。横曲がりなどが大きくなると材料の振れも大きくなりガイドとせるようになる。また，材料にスリッターバリがあるとバリの影響で正常な送りができずに曲がっていくことがある。

12.2 順送り加工でのトラブル対策

キャリアが横曲がりして
材料ガイドにせる

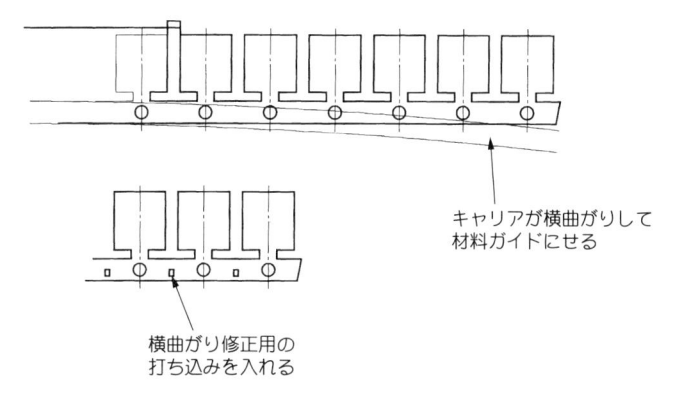

横曲がり修正用の
打ち込みを入れる

図 12.12　キャリアの横曲がりによる送り不良

対策

材料に規格を設定する。また金型と送り装置の間隔を詰め送り装置から金型の最終端までの距離を短くして横曲がり，蛇行などの影響を少なくする。

③ キャリアの変形による不良（図 12.12）

金型内で加工が進行するに従ってキャリアが横曲がりを起こし（片キャリア，センターキャリアに多い），ガイドにせるようになりトラブルを起こすようになる。原因としては，キャリア設定が悪く弱い，加工応力による変形，金型内でキャリアに変形力を与えている，が考えられる。

対策

材料幅を広げて強くする，抜きクリアランスなどに異常がないか調べる，ストリッパプレート，ダイプレート面に凸部があり，キャリアをつぶすような状態がないか調べる。調べた結果に異常があれば，その部分を直す。片キャリアのレイアウトではキャリアを少し潰して横曲がり対策をとる方法もある。

（2）金型内で材料が座屈する，引っかかる不良

この原因としては，つぎのようなものがある。

① 打ち抜き済みの形状の一部がダイ穴に引っかかる（ダイ面を材料が滑るような金型に多い）

対策

材料のリフト量を大きくする，レイアウトを変更して引っかかりにくい形状

とする（図12.13）。

② 材料がリフター，ノックアウト，材料ガイドなどの角部に引っかかる

対策

送り方向のリフターなどの角部に R または C 面取りする（図12.14）。

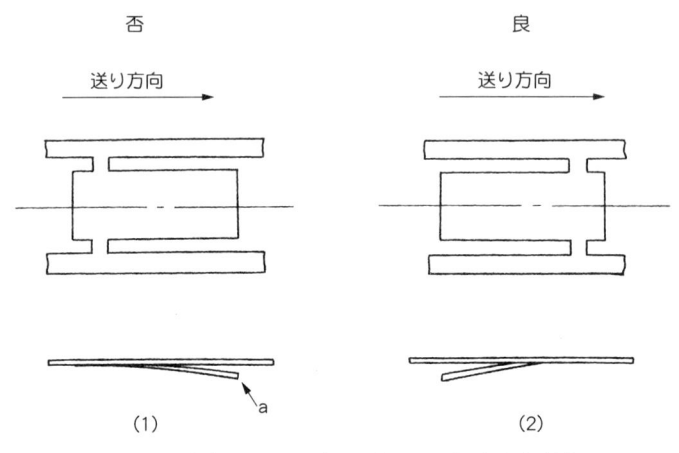

図12.13　材料を送るときに引っかかり防止を考えて
　　　　　ストリップレイアウトを考える

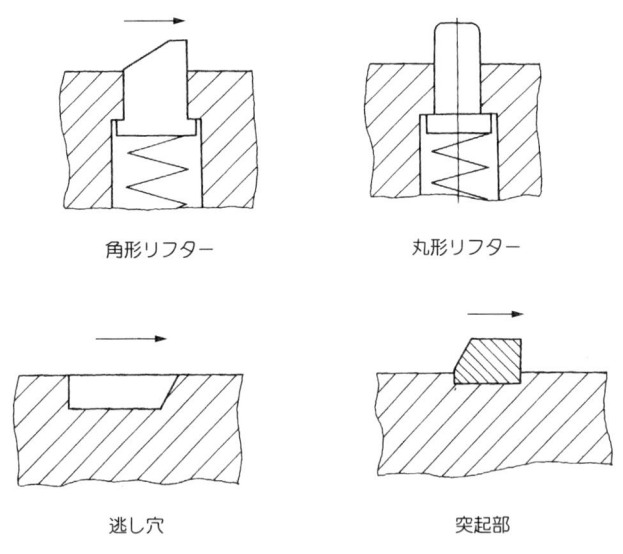

図12.14　材料の引っかかりを防ぐ対策例

③ キャリア強度が弱く，これに対してリフターやストックガイドリフターの間隔が広い

対策

材料幅を広げキャリアの強度を増す，リフターなどの間隔を等間隔にする。

④ ノックアウト，リフターの動作不良

対策

ばねの強さの調整，ノックアウト，リフターと穴のはめあい関係を調べ，スムーズに動くようにする。

⑤ 材料の送りタイミングが早く，下型から材料が離れる前に送られる

対策

送り装置の送りタイミングの調整。

⑥ 薄い材料を押し送りで加工している

対策

引っ張り送りに変更する。

⑦ パイロットで材料を吊り上げる

対策

パイロットの突き出し量を短くする，パイロット穴近くに材料ガイドを設ける，図12.15のような付着防止構造とする。

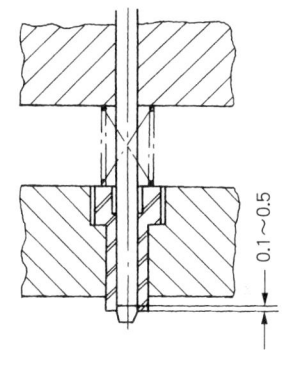

図12.15 パイロットでの吊上げ防止

(3) 送りピッチが狂う

送りピッチが変動する原因としては，つぎのような項目がある。

① 送り装置の精度不良

対策

送り装置の送り機構部分の摩耗，ブレーキ調整が悪いなどが考えられる。このような部分をチェックし調整する。

② 送り装置のリリーシングのタイミング不良

対策

材料のリフト量とリリーシングのタイミングは密接な関係がある。リフト量が大きいときにはリリーシングのタイミングも早めなければならない。チェッ

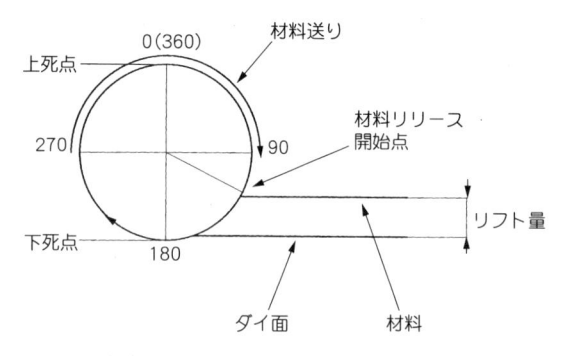

図12.16 材料リフト量と材料リリースタイミングの関係

クし調整する（図12.16）。

③ 材料供給装置と送り装置間の材料のループコントロールが悪い

対策

材料供給装置は一般的に間欠的に動く。その動作は材料ループの張り具合でコントロールしている。適当なたるみのあるうちに材料を供給するようにしないと送り装置に無理がかかり，送りピッチのバラツキとなる。材料に常に適当なたるみがあるように調整する。また，バー式のループコントロールの材料供給装置ではバーで材料を折り曲げたり，材料に引き戻すようなテンションをかけたりする。これが原因となることもある。このようなときにはバーのバランスウエイトを調節する（図12.17）。

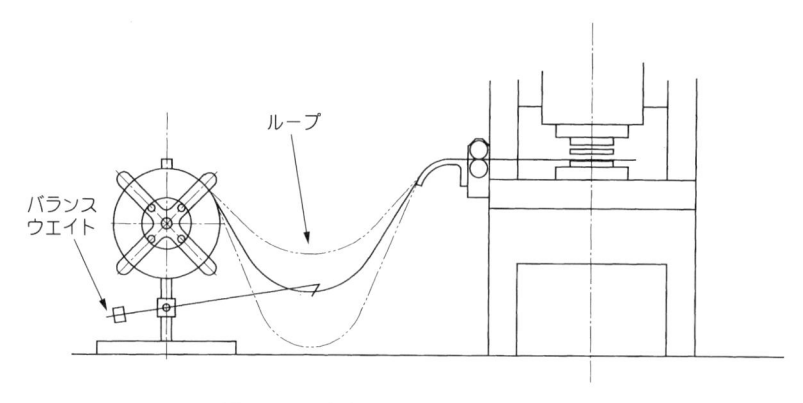

図12.17 材料のループコントロール

12.2 順送り加工でのトラブル対策

④ 送り装置の入り口で材料のバタツキがあると，このバタツキが送りピッチを狂わせることがある

対策

材料の板厚方向の押さえを設けて，材料がバタつかないようにする。

⑤ パイロットパンチの摩耗

対策

パイロットの交換

⑥ パイロットの先端形状が悪い。パイロット穴が変形し送りピッチが修正されていない

対策

パイロット穴に対して，パイロット先端が穴に滑らかに入るようにパイロット先端の角度，R 形状を修正する。

⑦ パイロットの設定位置が悪い

対策

パイロットは，パイロット穴加工後のつぎのステージで最初のパイロットを入れる。その後は等間隔でパイロットを入れるようにする。この条件を満たしていないと送りピッチがばらつく。

⑧ 材料がたわんだり変形し，正しくパイロットでガイドされない

対策

薄い材料などの場合，材料が下にたわんでしまいパイロットがうまく働かないことがある。このようなときには，図12.18に示すように，材料下からバックアップするようなリフターを設ける。

12.2.3 加工中の異常検出

加工中のトラブル対策と同時に異常が発生したときに，速やかにその異常を検出してプレス機械を停止させ，被害を最小限にとどめるよう

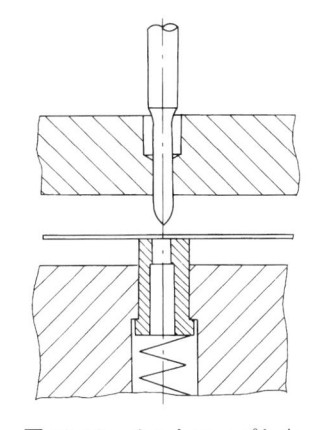

図12.18 リフトアップした材料のパイロット法

にしておくことも必要である。異常検出方法のいくつかを紹介する。

（1） 材料の給送に関する検出

① ループ異常の検出：材料ループの張りすぎやたるみすぎの検出

図12.19に示したものは，光電管を利用したループ検出の方法例である。無接触で検出でき材料にきずをつける心配がない方法である。注意点としては光電管の光軸が材料を斜めに横切るようにセットし，誤動作に注意することである。このほかにも接触式の検出，近接スイッチの利用などが考えられる。

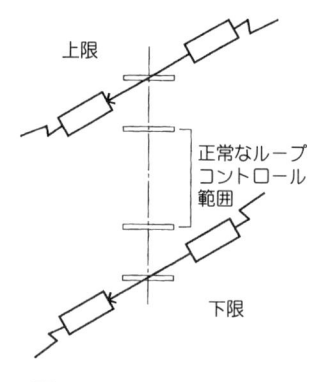

図12.19　ループ異常検出

② 材料エンド検出：加工材料がなくなったことの検出

材料の最終端を検出してプレス機械を上死点で停止させるもので，異常の検出とは内容が異なる。方法としては，図12.20(a)，(b)，(c)に示すものがある。

図12.20(a)は，最も簡単な方法でマイクロスイッチを利用したものである。材料にマイクロスイッチを押しつけた状態でスイッチが入っている状態で使用し，材料がなくなりスイッチが離れると検出する使い方をする。押し付け圧が高いと材料にきずをつけることがある。

図12.20(b)は，光電スイッチを利用した方法である。油などで検出面が汚れると誤動作の心配があるので，ときどきチェックする必要がある。

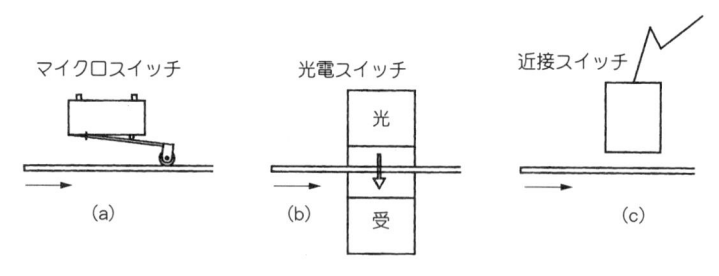

図12.20　材料エンド検出

図12.20(c)は，近接スイッチを利用した方法である。材料とスイッチのすきまの設定に注意が必要である。

（２）　材料送り異常の検出

① 送りミス検出：送りピッチ異常の検出

・穴による送りミス検出

方法としては，図12.21(a)に示すようにミス検出ピンにより機械的に検出する方法と，図12.21(b)に示すような接触形がある。

・切り欠き部による送りミス検出

図12.22(a)，(b)に示すような材料外形の切り欠き部分を利用して検出する方法である。センサーはマイクロスイッチや近接スイッチが使われる。材料送りのタイミングと検出タイミングの同期をとる必要がある。

・材料端部での検出

図12.23(a)，(b)に示すように材料端部を突き当てて加工するようなものに使うことのできる方法である。突き当てに材料が当たっていることを常に確認する必要があるので，材料送りと検出の同期をとる必要がある。

図12.21　穴による送りミス検出

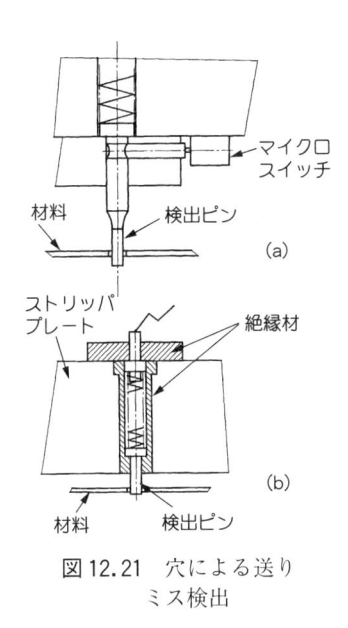

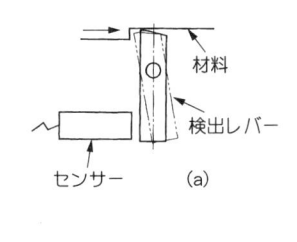

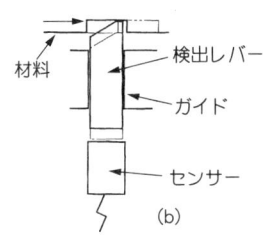

図12.22　切り欠き部によるミス検出

図12.23 突き当て部によるミス検出　　図12.24 座くつ検出　　図12.25 製品排出検出

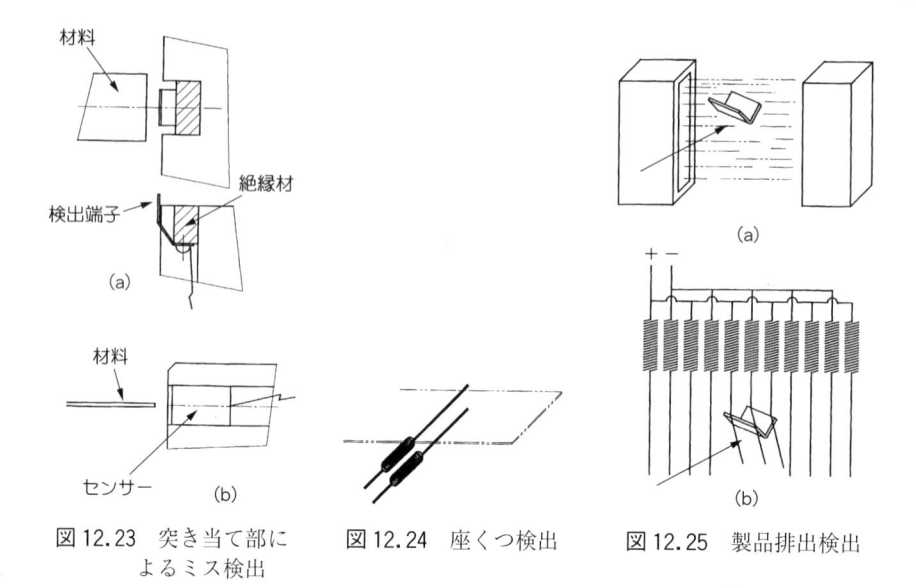

② 座くつ検出：材料が型内もしくは金型周辺で座くつする異常の検出

基本的な考え方は材料のループ検出と同じである。座くつが発生しやすいところに図12.24に示すような接触式の検出針を設けておく。

（3） 製品排出の検出

加工された製品が金型外へ排出されたことを確認することを目的とした検出である。エア飛ばしの製品の検出例を，図12.25(a)，(b)に示す。図12.25(a)は光電式の検出，図12.25(b)はプラス，マイナスの極をもつ検出針を交互に配置して，飛んできた製品がプラス，マイナスの両検出針に接触することで検出する。

（4） 金型内への異物進入の検出

かす浮き（かす上がり），外部からの異物進入，パンチ破損などを検出するものである。一般的にはかす浮き検出と呼ばれる。方法としては図12.26に示すように可動ストリッパの変位を検出して行う。検出用のセンサーとしては近接スイッチを使うのが一般的であるが，センサーは1箇所とせず，検出精度を高めるため対角位置または4箇所とするのが一般的である。

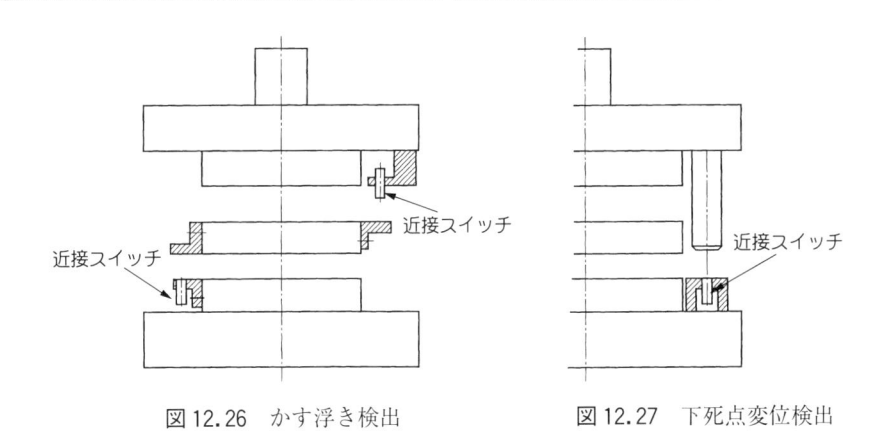

図 12.26　かす浮き検出　　　　図 12.27　下死点変位検出

（5）　プレス機械の下死点変位検出

原理的にはかす浮き検出と同じであるが，図 12.27 に示すように検出位置をパンチ，ダイホルダー間としている。かす浮き検出よりシビアな検出が要求される。

12.3　ロボット，トランスファー加工でのトラブル対策

ロボット，トランスファー加工では加工品の搬送，位置決めおよびスクラップ処理に関するトラブルが中心となる。

（1）　ストッカー内のブランクが密着して搬送ミスを起こす

原因

① 油，バリによる密着

② ストックガイドピンの設定が悪く，ブランクにせっている

対策

① 磁性材料であれば磁石による分離ができる（図 12.28）

② ストックガイドピンの再調整,

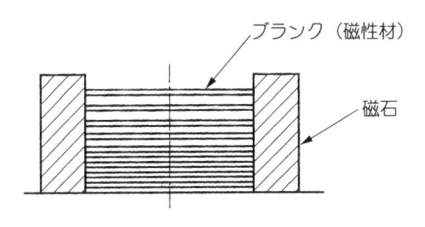

図 12.28　磁性材の磁石による密着防止法

ピンの曲がり，摩耗などのチェック

（2） 加工品を工程間移動したとき，次工程金型に加工品がうまく入らない

原因

① 工程間の金型の位置がずれている，または金型がねじれて取り付けられている（図12.29）

② 加工品の工程間移動中または停止時にフィンガーアームがぶれている

③ 加工品が工程間移動後の停止時に移動慣性でずれる

④ 金型位置決めピンの設定が悪い

対策

① 金型の取り付け状態を見直す。できれば図12.30に示すような段取り時

金型の位置がずれている

金型がねじれている

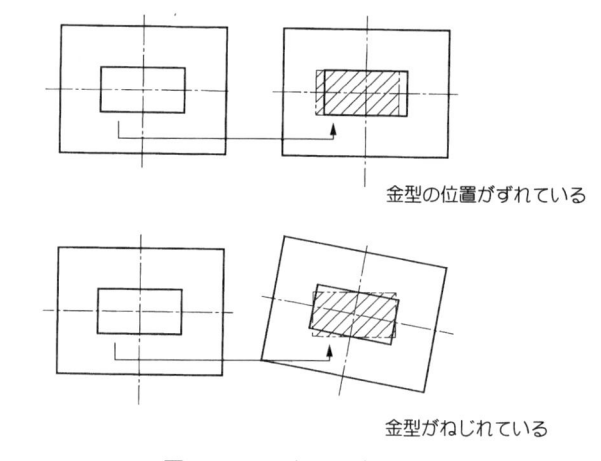

図12.29　工程間の金型の関係

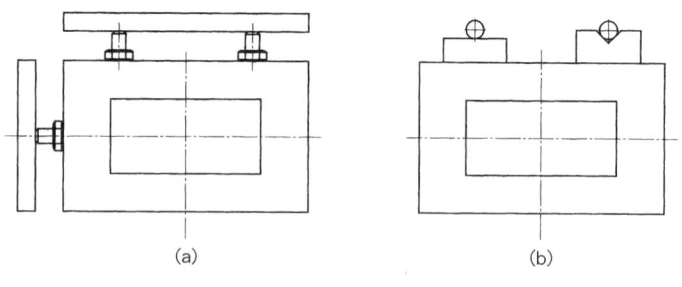

(a)　　　　　　　　(b)

図12.30　金型の位置ずれ，ねじれ防止対策

12.3 ロボット，トランスファー加工でのトラブル対策

の金型位置決めジグを作り，ワンタッチでセットできるようにする

② フィンガーアームの剛性が弱い，剛性を増す工夫をする。または搬送スピードを落とす

③ 加工品の保持力を高める，搬送スピードを下げる。穴のある製品では穴にずれ防止用のピンを入れる（図12.31）

④ 位置決めピンのテーパ角を小さくする。テーパー下のストレート部分の長さをそろえる。ストレート部分の長さを短くする

（3） 加工後の製品が金型内で踊り，搬送ミスをする

原因

リフターピン，キッカーピンでの製品保持バランスが悪い

対策

リフターピン，キッカーピンの位置，配置バランス，長さバランスおよびばねの強さなどを見直す（図12.32）

（4） 搬送途中で加工品を落とす

① 金型ごとの吸着，グリップ面のレベルが異なっている

② 加工品と吸着，グリップ位置との関係が悪い

③ 搬送スピードが速く移動慣性で落ちる

④ グリップの摩耗，ばねのへたり，吸引圧の変動

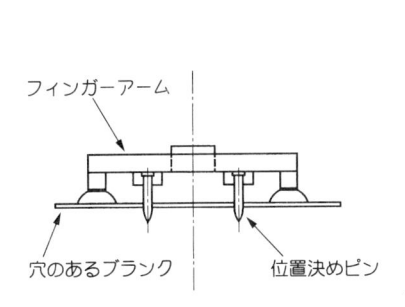

図12.31 加工品の搬送時のずれ防止（例）

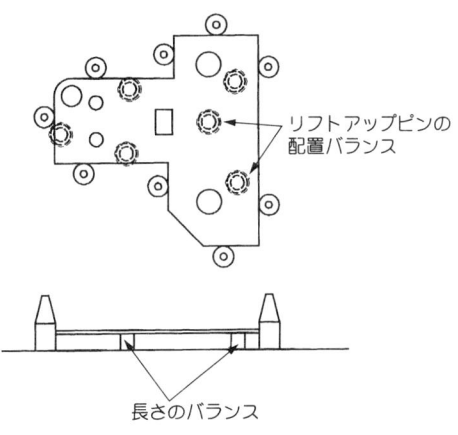

図12.32 リフターピンの注意点

対策

① 金型ごとの吸着，グリップ面のレベル調整，リフターピン個々の長さのチェック

② 加工品の重心位置を考え保持する位置を調整する

③ 製品重量を考え搬送スピードを調節する，穴のある製品では穴にずれ防止ピンを入れる方法もある

④ 定期的な点検を行う

（5） 加工後の製品に金型にくいつき搬送ミスをする

原因

① 製品リフトがない金型でバリ，油などで金型面に密着する

② 金型の位置決めピンの設計が悪い

対策

① リフターピン，ノックアウトを金型に設けて金型への食い付きを防止する

② 位置決めピンとダイとの間にすき間ができ，そこに材料が入り込んで食いつくことがある。位置決めピンのストレート部分をダイに沈み込ませるようにするとよい（図 12.33）

（6） 位置決め不良で加工ミスをする，加工寸法がばらつく

原因

① 加工品と金型の位置決めピンのがたが大きい

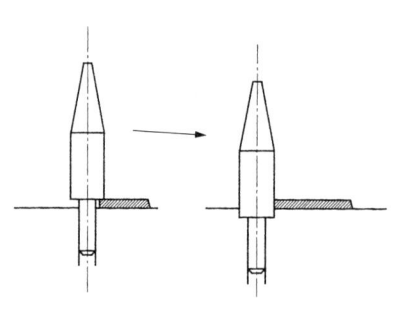

図 12.33　加工品の位置決めピンへの食いつき防止対策

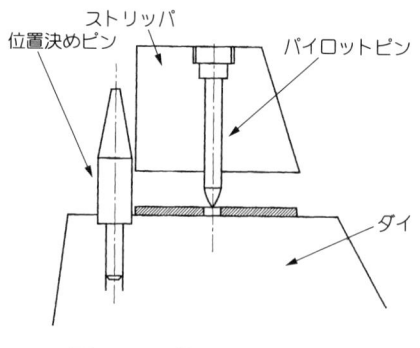

図 12.34　位置決め精度対策

12.3 ロボット,トランスファー加工でのトラブル対策

② 先押さえピンの設定が悪く加工前に加工品がずれたり,傾く
③ 加工時の振動でブランクがずれる
④ 位置決めピンの上に加工品が乗ってしまう

対策
① 加工品搬送時の位置決めと加工用の位置決めの二重構造とする(図12.34)
② リフターと先押さえピンの位置関係や各ピンの長さの関係を見直す
③ 加工品保持面に磁石を埋め込み振動によるずれ対策をする
④ フィンガーアームのぶれが大きく位置決めが不安定なときがある。アームの剛性を見直す
⑤ 加工品に対して位置決めがシビアすぎても問題となる。適当なゆるみをもたせる

(7) トリミングのスクラップ処理がうまくできない

対策
① 工程にゆとりがあるときには数工程でトリミングする(図12.35(a))
② トリミングのスクラップをいくつかに分割して処理する(図12.35(b))

(a) 工程分割して処理する

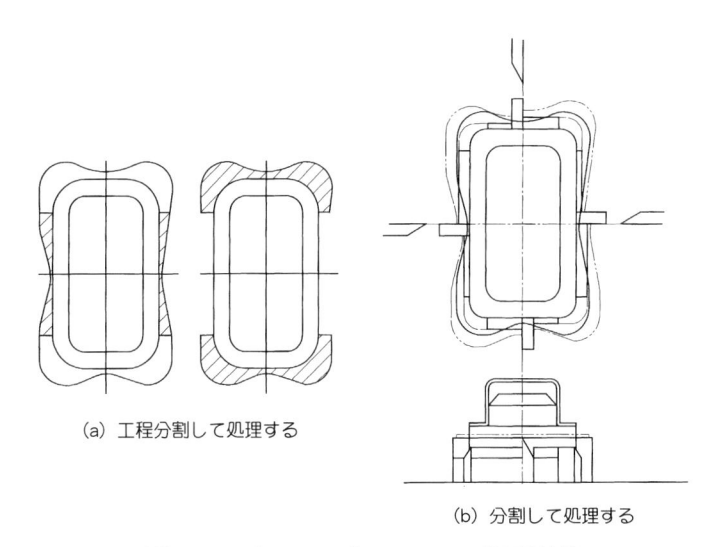

(b) 分割して処理する

図12.35 トリミングのスクラップ処理対策

第13章

プレス機械とトラブル対策

13.1 下死点の変化

13.1.1 変化の影響

　プレス加工において加工中に下死点が変化すると，つぎのようなさまざまなトラブルを生じる。
　① 打抜き加工ではパンチとダイのかみ合い深さが変化する。このためスリット加工では長さが変化し，また薄板の打抜きではクリアランスが変化し，かじりを生じやすくなる。
　② 曲げおよび成形加工では下死点で押し付ける力が変化し，V曲げでは角度が変化し，U曲げでは底突きの強さが変化し，合せて角度も変化する。
　また，丸め加工などでは丸めた後の直径が変化する。
　③ 絞り加工では絞り深さが変化する。
　④ 圧縮加工では面押しの強さから変化し，つぶし加工では厚さが変化し，刻印などもその強さが変化する（図13.1）。
　このようにプレス機械の下死点が変化すると製品のバラツキも大きくなり，安定した生産をすることはできない。

V曲げ角度　　　　U曲げ角度　　　　　絞り深さ

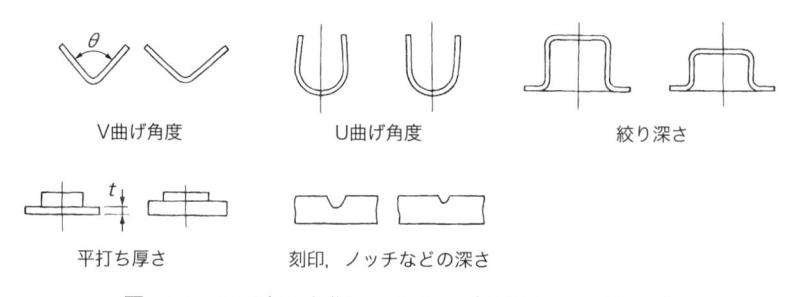

平打ち厚さ　　　　刻印，ノッチなどの深さ

図 13.1　下死点の変化によるさまざまな製品のバラツキ

下死点が変化する原因はプレス機械そのものの問題であり，使用段階での対策は難しく，作業に合せた精度のよいプレス機械を使用することが望ましい。

13.1.2　時間とともに下死点が変化する

一般にプレス機械は加工開始時としばらく加工を続けた後では下死点が変化する。

正確な変化の様子を知りたい場合は，かす浮き検出などに用いる下死点変位測定器にレコーダをつけ記録をとるとよい。変化の様子はプレス機械によって異なるが，一般にC形フレームのプレスは時間とともに下死点が上がり，刻印などは浅くなる。

逆にストレートサイドフレームの場合は一旦下死点が下がる（刻印などは強くなる）ものが多いが一様ではない。

これらの変化原因は稼働によって生じた熱でプレス機械，とくにフレームおよびコネクチングロッドが伸びるためであり，一定の温度で安定するとその状態で下死点も安定する。

この対策としては，つぎのような方法がある。

① 時間と下死点の位置の変化を知り，途中でストローク調整を行う。図 13.2 において加工開始後 t 時間後に s だけストロークを下げる。一般には，加工開始後 20〜30 分後に 1 回調整する例が多い。

② 下死点が変化しても製品精度に影響しないよう金型の間にゴムまたは油圧機構を内蔵させる（図 13.3）。

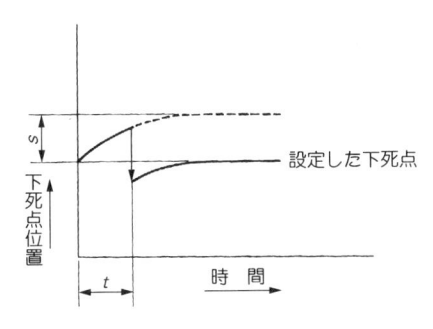

図 13.2　下死点の変化を調整する例 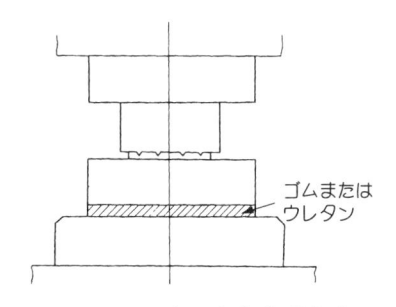　　図 13.3　下死点の変化を吸収する
　　　　　　　　　　　　　　　　　　　　　　型構造の例（刻印型ほか）

③ 空運転をし，機械の温度が上がってから加工をする。
④ 機械の発熱を抑さえ冷却する。
⑤ 機械に予熱を加え，あらかじめ設定温度まで加熱してから加工する。
⑥ 温度変化の少ない機械構造とする。

この中で④～⑥の方法はユーザー側で対応するのは難しく，高精度な加工の場合はこれらの対策がとられている機械を用いることが望ましい。

13.1.3　spm による変化

他の条件が同じであっても毎分ストローク数（spm）を変えると下死点は変化する。とくに寸動や安全一工程などと連続で加工したときの差は大きい。

この対策としては金型ごとの spm を決めておき，その条件に合せてストローク調整を行うとよい。また spm を変えたときは下死点の変化と製品の精度をよく確認することが必要である。

プレス機械の中には制御装置を組込んで使用し，spm の変化に合せて下死点を一定に保つプレス機械も開発されている。

13.1.4　ストロークごとのばらつきが大きい

一定の条件で連続的に変化をするのではなく，1回ごとの下死点のばらつきが大きいのは主としてプレス機械の動的精度が低いためであり，対策は総合すきまの小さいもの，フレーム剛性の高いもの，一回り大きな能力のものを使用

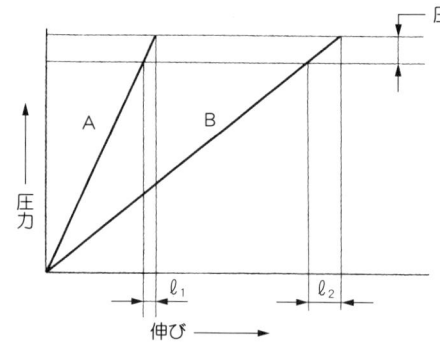

図中ラベル：
- 圧力のばらつき
- A：剛性の高いプレス
- ℓ_1：同プレスの下死点のばらつき
- B：剛性の低いプレス
- ℓ_2：同プレスの下死点のばらつき
- 圧力（縦軸）
- 伸び（横軸）

図 13.4　プレス機械の剛性と圧力変化に対するばらつき

する，バランサーの圧力を高めにするなどがある。

とくにフレームの剛性が低いと製品の形状および寸法精度は素材のばらつきの影響を受けやすい（図 13.4）。

サーボモータープレスの中には下死点位置を確認し，補正をする機能をもつものがあり，条件が変化しても常に一定の下死点精度を保つことができる。

13.2　プレス機械によって金型の寿命が変わる

13.2.1　プレス機械の精度と加工精度のバランス

プレス機械の精度には次の二つがある。

（1）　静的精度

プレス機械を静かに置いた状態の精度であり，一定の温度内で負荷をかけないで測定をする。

測定項目は日本工業規格（JIS）でつぎの事項が決められており，測定方法，判定基準および等級（特級，1級，2級）もこれに準ずる。

① ボルスタ上面およびスライド下面の真直度
② スライド下面とボルスタ上面の平行度

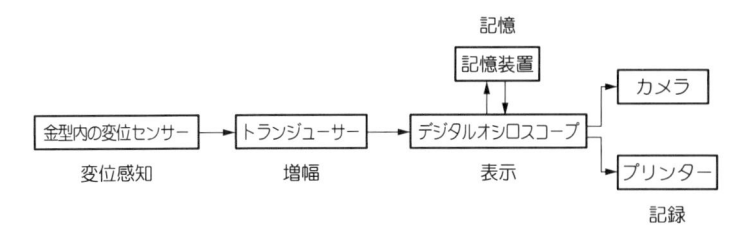

図13.5 動的精度の測定システム

③ スライドの上下運動とボルスタ上面との直角度

④ シャンク穴とスライド下面の直角度

⑤ 連結部上下の総合すきま

（2） 動的精度

実際に荷重をかけた加工をしたときの精度であり，プレス加工ではこの精度が重要である。

実際に加工をしているときの精度は加工内容によって異なるが，抜き加工のときに発生するスライドのブレークスルーは，図13.5の装置とおよび図13.6の金型で測定と記録ができる。

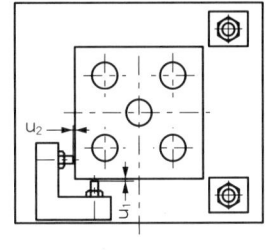

u_1：Y方向の変位
u_2：X方向の変位
s_1：Z方向の変位

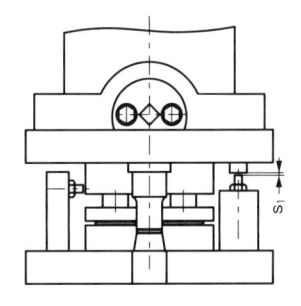

図13.6 変位センサーによる抜き加工時の動的精度の測定用金型

ブレークスルーはフレームのたわみ，総合すきまによる上下の振動などで発生し金型を痛める（図13.7(a)および(b)）。

13.2.2 高精度加工とプレス機械

精度の悪いプレス機械で高精度なプレス加工をするのは難しく，従来からさまざまな対策が行われているが，小手先のやむを得ぬものであり，抜本的な対策は動的精度のよいプレス機械を用いることである。

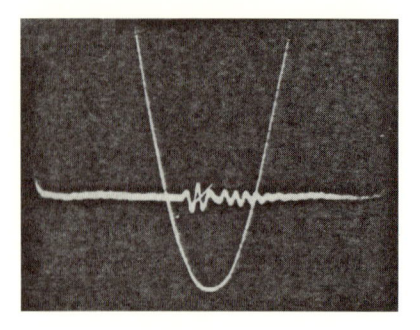

図13.7(a) 無負荷のときのスライドの動き

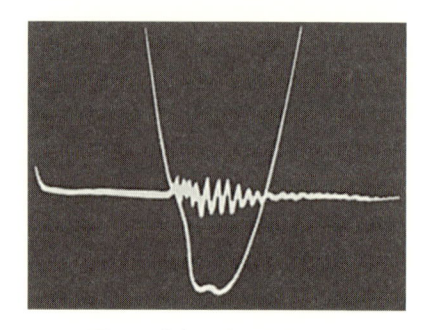

図13.7(b) 動的精度の例

代表的な対策例をつぎに示す。

（1）スライドの下死点の安定とブレークスルー対策

スライドの下死点を安定させ，ブレークスルーによる過度なパンチの食込みを防ぐ方法としてハイトブロック（バンパーブロックまたはストッパブロック）を用いる方法がある（図13.8）。

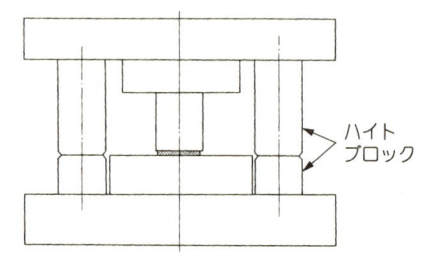

図13.8 ハイトブロックを当てての下死点の安定化

この場合のハイトブロックは，四隅に面積の大きなものを用いるが強く当てすぎるとプレス機械に大きな負担をかけ，逆に機械をいためるので注意が必要である。

（2）フリーシャンクにより横方向の精度を型で維持する

スライドへ上型を取り付けるとき，フリーシャンク（図13.9）を用いて横方向を自由にし，上型と下型のクリアランスは金型内のガイドポストおよびブシュで保証する。フリーシャンクでは上下にも少しすきまができるので曲げや面押し加工には不向きであり，一般に薄板の打ち抜き以外はあまり用いない。

（3）インナーガイド式の金型を用いる

上型と下型とをガイドするガイドポストとブシュはパンチホルダとダイホルダの間に組み込むアウターガイド（ダイセット式）とパンチプレート，ストリッパおよびダイの間に組み込むインナーガイドがある。

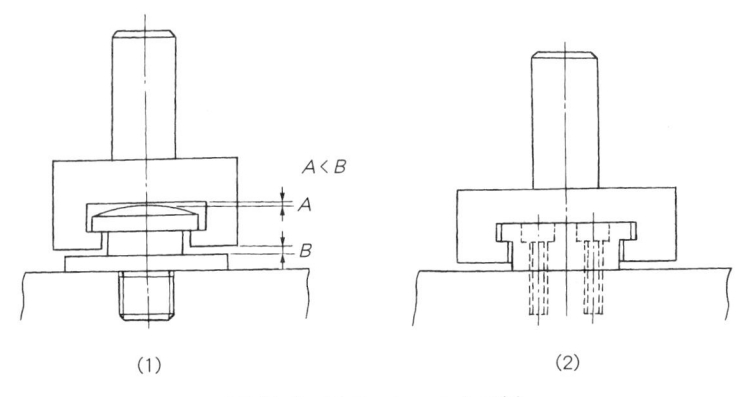

13.2 プレス機械によって金型の寿命が変わる

図 13.9 フリーシャンクの例

プレス機械の横方向のがたや加工ミスに対してはインナーガイドのほうがはるかに効果的であり，型構造をこのように変えるとよい。

13.2.3 プレス機械の能力と加工

クランクプレス，クランクレスプレスなどの機械プレスは下死点付近で加圧が増加し，呼び圧力（圧力能力）以上の加圧力を生じる。

これが過負荷（オーバーロード）であるが，このような状態で使用すると製品のバラツキが大きいだけでなく，金型や機械をいためる。

一般にプレス機械の能力の 70～90% 程度で使用することが望ましい。

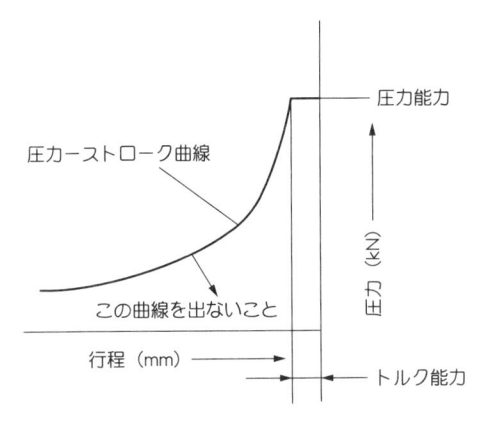

図 13.10 使用可能な下死点上の距離と圧力

索　　引
（五十音順）

ア　行

アイヨニング …………………… 215
アウターガイド ………………… 15
アウトカット …………………… 48
圧印加工 ………………………… 208
圧延方向 ………………………… 96
圧縮加工 ………………………… 201
圧縮歪み ………………………… 93
圧接 ……………………………… 80
後処理 …………………………… 89
油砥石 …………………………… 21
アワーグラス抜き ……………… 222
異形絞り ………………………… 185
異常検出 ………………………… 237
異常処理書 ……………………… 13
位置決めピン …………………… 51
位置決めプレート ……………… 51
異方性 …………………………… 170
入れ子 …………………………… 158
インサート部品 ………………… 24
インナーガイド ………………… 15
ウェブ …………………………… 110
上曲げ …………………………… 128
エアジェクタ用ノズル ………… 225
液圧バルジ ……………………… 8
エキスパートシステム ………… 185
エジェクタピン ………………… 135
円筒絞り ………………………… 167
エンボス加工 …………………… 213
オーバーロード ………………… 253

カ　行

置き割れ ………………………… 169
送り線高さ ……………………… 230
送り装置 ………………………… 229
送りミス ………………………… 239

カーリング ……………………… 151
開口部 …………………………… 170
改善提案書 ……………………… 13
ガイドポスト …………………… 14
ガイドポストおよびブシュ …… 14
角筒絞り ………………………… 179
加工限界高さ …………………… 99
加工硬化 ………………………… 89
加工速度 ………………………… 206
かじりきず ……………………… 157
かす浮き ………………………… 79
かす詰り ………………………… 85
型当たり ………………………… 158
肩当たり ………………………… 118
カットオフ ……………………… 33
可動ストリッパ ………………… 199
金型償却費 ……………………… 11
金型製作 ………………………… 10
金型のGT ……………………… 47
金型の機能 ……………………… 11
過負荷 …………………………… 253
キッカーピン …………………… 82
機能とコスト …………………… 10
キャリア ………………………… 63
キャンニング …………………… 182

索引

キャンバ	232
吸引作用	80
キラーピン	200
切欠き	40
切曲げ加工	126
食込み率	28
クッション圧	163
クッションパット	110, 112
クッションピン	165
鞍形のそり	104
クラック	60
クランクプレス	206
クリアランス	54
計画生産	8
欠損	76
コイニング	208
公差	11
公差の配分	11
高速度工具鋼	217
高張力鋼板	197
工程設定	9
工程能力	3
コーキング	23
ゴースト	208
固定ストリッパ	199
コンベア	228

サ 行

再研削	71
サイドカット	61, 63
サイドプッシャ	232
材料ガイド	229
材料の異方性	170
座くつ	214
座くつ検出	240
参考図	4
さん幅	34
残留応力	62
仕上げ抜き	56
仕上げ抜き法	56
シェービング	55
しごき加工	215
しごきバーリング	148
事故寿命	69
試作	12
試作用ユニット金型	12
自然寿命	69
下曲げ	128
絞り縁切り	195
絞りきず	177
絞り速度	166
絞りビード	144, 155, 180
絞り率	166
シム	23
シヤー角	82
シュート	227
順送り加工	228
上下抜き	57
ジョグリング	141
ショックマーク	108
ショットブラスト	43, 91
しわ押さえ	165
しわ押さえ圧力	164
真円度	175
親和性	87
ストックガイド	229, 230
ストリッパ	17
ストリッパガイド	14, 36
ストリッパガイド方式	14
ストリッパボルト	18
ストリップ力	19, 42
ストレートサイドフレーム	248

索　引

ストレートランド	35, 73, 82
ストローク調整	21
スプリングゴー	100
スプリングバック	93, 100
スペーサー	19
滑りきず	155
図面変更	2
スライド下面	21
スリッターバリ	232
スリット	126
寸動	7
生産方式	9
静的精度	250
製品図	1
接触圧	196
切断加工	43
センサー	225
全周にでるバリ	31
せん断応力	27
せん断期	27
せん断切り口面	53, 54
せん断面	54
増厚	214
挿入ミス	133
層別管理	204
測定誤差	44
測定精度	44
測定方法	44
側面摩耗	29
底突き加工	193
塑性加工熱	205
塑性変形	94
塑性変形期	27

タ　行

ダイR	117
ダイカスト	8
ダイクッション	165
ダイ側壁	193
ダイの溝幅	106
ダイフェース面	187
ダイヤルゲージ	45
ダウエルピン	23
多工程曲げ	128
打痕	63
だれ	54, 59
タング	63
段絞り	188
弾性変形	94
段取り	14
断面のねじれ	51
縮みフランジ成形	139
チッピング	57, 76
チャック	195
超硬合金	217
調質	92
長尺もの	101
つぶし加工	206
ディンプル	218
適正クリアランス	54
電動スライド調節	22
動的精度	32, 251
トータルコスト	11
トライ	13
トライアンドエラー	185
トライ結果報告書	13
トラブル対策	1
トラブル対策書	13
トランスファー加工	241
トリミング	203

索引

ナ 行

ナックルプレス ……………………… 206
七目子ならし ……………………… 212
肉余り ……………………………… 188
二番の逃し ………………… 32, 34, 73
ねじれ ……………………………… 106
熱間圧延鋼板 ………………… 97, 166
熱処理不良 ………………………… 77
熱膨張 ……………………………… 22
ノギス ……………………………… 45
ノックアウト ……………………… 194
ノックアウトプレート …………… 200
伸びフランジ成形 ………………… 140

ハ 行

ハーフブランク …………………… 67
バーリング ………………………… 147
バーリングパンチ ………………… 151
排出の検出 ………………………… 240
ハイトブロック …………………… 22
パイロット ………………………… 232
パイロット穴 ……………………… 232
パイロットプラント ……………… 10
破損事故 …………………………… 220
肌荒れ ……………………………… 178
破断期 ……………………………… 27
破断面 ……………………………… 54
パッキングプレート ……………… 18
バックアップヒール ………… 33, 43
ばね定数 …………………………… 19
バラツキ …………………………… 11
バランサー ………………………… 250
バランスウエイト ………………… 236
バランス曲げ ……………………… 123
バリ ………………………………… 27

バリ取り …………………………… 90
バリ方向 …………………………… 97
バレル研摩 ………………………… 90
パンチプレート …………………… 18
ビード ……………………………… 143
ヒールブロック …………………… 43
引張り応力 ………………………… 94
引張り歪み ………………………… 93
標準状態 …………………………… 8
表面硬化処理 ……………………… 137
表面処理鋼板 ……………………… 136
疲労破壊 …………………………… 77
ファインブランキング ………… 8, 57
フィンガーアーム ………… 243, 245
フォーミングマシン ……………… 108
深絞り加工 ………………………… 175
普通バーリング …………………… 150
プッシュバック …………………… 66
部品図 ……………………………… 1
部品の機能 ………………………… 2
ブラシ研削 ………………………… 90
ブランクの引け …………………… 123
フランジ成形 ……………………… 139
フランジのそり …………………… 106
フリーシャンク …………………… 252
不良混入率 ………………………… 2
ブレークスルー ……… 58, 174, 251, 252
フレーム剛性 ……………………… 249
プレーンタイプ …………………… 16
プレス加工 ………………………… 10
プレス加工費 ……………………… 11
プレス機械の下死点 ……………… 247
プレスライン ……………………… 9
分断 ………………………………… 190
ペコつき …………………………… 182
ベルト研削 ………………………… 90

偏心荷重	221
方向耳	170
星打ち	212
補正値	46
細い絞りパンチ	198
ポリウレタン	163
ボリュームバランス	193
ボルスタ上面	21

マ 行

マイクロメータ	45
毎分ストローク数	249
曲げ限界	99
曲げ線	96
曲げ半径	96, 97, 115
摩擦熱	205
マッチング	39
マッチング部	39
摩耗曲線	70
丸め加工	129
ミクロジョイント	67
密閉式	220
耳	170
面押し	210
面取り	210

ヤ 行

焼入れ	92
焼付き	29
焼鈍し	92, 169
要求機能	7
要求精度	3
溶着	29
横曲がり	51, 63

呼び圧力	253
予備成形	145
予備曲げ	117
予防保全	71

ラ 行

リストライク	162, 171
リブ	145
リフター	234
リフターピン	243
リリーシング	235
輪郭形状測定機	167
ループコントロール	236
レイアウト会議	11
冷間圧延鋼板	166
ロールレベラ	61
ロッキング装置	183

ワ 行

ワイヤ放電加工機	38
割れ発生位置	28

数字・欧文

2枚打ち	69
3次元測定機	44
C形フレーム	248
L曲げ加工	122
NCタレットパンチプレス	90
spm	249
U曲げ	109
VE提案	4
V曲げ加工	100
Z曲げ	124

259

------- 著者紹介 -------

吉田弘美（よしだ　ひろみ）

1939年　東京都生まれ
　　　　松原工業株式会社，株式会社アマダを経て1979年吉田技術士研究所を設立。現在に至る
　　　　厚生労働省職業能力開発局専門調査委員その他の公職を兼務
著　書　「プレス金型設計製作のトラブル対策（共著）」「よくわかる金型のできるまで」「絵ときプレス加工基礎のきそ」「トコトンやさしい金型の本」「プレス加工のツボとコツ」他

山口文雄（やまぐち　ふみお）

1946年　埼玉県生まれ
　　　　松原工業株式会社，型研精工株式会社を経て1982年山口設計事務所を設立。現在に至る
　　　　すみだ中小企業センター技術相談員、高度ポリテクセンター講師などを兼務
　　　　この間，日本金属プレス工業協会「金型設計標準化委員会」「金型製作標準化委員会」などの委員を兼務する
著　書　「小物プレス金型設計」「プレス順送り型の設計」「プレス金型設計・製作のトラブル対策（共著）」「図解プレス金型設計（Ⅰ，Ⅱ）」他

プレス加工のトラブル対策　—第3版—　　　NDC 566.5

1987年 9月30日　初版1刷発行	（定価は，カバーに表示してあります）
1993年 1月25日　初版5刷発行	
1994年11月15日　第2版1刷発行	
2006年 7月20日　第2版10刷発行	
2009年 6月25日　第3版1刷発行	

　　　　　　Ⓒ著　　者　　　吉　田　弘　美
　　　　　　　　　　　　　　山　口　文　雄
　　　　　　　発 行 者　　　千　野　俊　猛
　　　　　　　発 行 所　　　日 刊 工 業 新 聞 社
　　　　　　　　　　　　東京都中央区日本橋小網町14-1
　　　　　　　　　　　　　（郵便番号　103-8548）
　　　　　　　電　話　書籍編集部　03（5644）7490
　　　　　　　　　　　販売・管理部　03（5644）7410
　　　　　　　　　　　ＦＡＸ　　　　03（5644）7400
　　　　　　　振替口座　00190-2-186076
　　　　　　　URL　　　http://www.nikkan.co.jp/pub
　　　　　　　e-mail　　info@media.nikkan.co.jp
　　　　　　　　　　印刷・製本　　美研プリンティング

落丁・乱丁本はお取り替えいたします。　　　2009 Printed in Japan
ISBN 978-4-526-06293-3
Ⓡ〈日本複写権センター委託出版物〉
本書の無断複写は，著作権法上での例外を除き，禁じられています。
本書からの複写は，日本複写権センター（03-3401-2382）の許諾を得てください。